中等职业教育土木类专业规划教材

土木工程施工组织

TUMU GONGCHENG SHIGONG ZUZHI

主　编　朱凤兰　韩军峰
主　审　吴安保

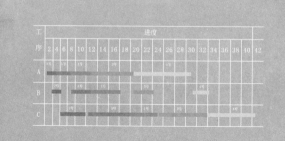
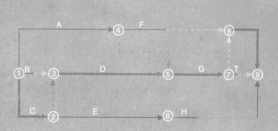

人民交通出版社
China Communications Press

内 容 提 要

本书系统介绍了土木工程施工组织设计基本概念和基本编制方法，本着"简明扼要、综合性强、实践性强、强调行业特色"的宗旨，广泛吸收新工艺、新方法、新规范、新标准，着重突出职业性、实用性、创新性，具有结构新颖、图文并茂、内容全面、通俗易懂、案例丰富的特点。

全书共分五单元阐述，具体内容有：工程施工组织概论、施工过程组织原理、工程施工组织设计、机械化施工组织设计、网络计划技术。

本书被列为"中等职业教育土木类专业规划教材"，适合作为职业教育土木类专业、工程管理类专业师生的教学用书，也可作为相关专业技术人员的参考资料。

图书在版编目(CIP)数据

土木工程施工组织/朱凤兰，韩军峰主编. —北京：人民交通出版社，2011.8
ISBN 978-7-114-09272-5

I. ①土… II. ①朱…②韩… III. ①土木工程—施工组织 IV. ①TU721

中国版本图书馆 CIP 数据核字(2011)第 138832 号

书　　名：	土木工程施工组织
著 作 者：	朱凤兰　韩军峰
责任编辑：	刘彩云
出版发行：	人民交通出版社股份有限公司
地　　址：	(100011)北京市朝阳区安定门外外馆斜街 3 号
网　　址：	http://www.ccpress.com.cn
销售电话：	(010) 59757973
总 经 销：	人民交通出版社股份有限公司发行部
经　　销：	各地新华书店
印　　刷：	北京市密东印刷有限公司
开　　本：	787×1092　1/16
印　　张：	9.5
字　　数：	192 千
版　　次：	2011 年 8 月　第 1 版
印　　次：	2017 年 1 月　第 3 次印刷
书　　号：	ISBN 978-7-114-09272-5
定　　价：	19.00 元

(有印刷、装订质量问题的图书由本社负责调换)

中等职业教育土木类专业规划教材
编审委员会

主任委员 徐 彬

副主任委员（以姓氏笔画为序）

安锦春 陈苏惠 陈志敏 陈 捷 张永远
张 雯 徐寅忠 曹 勇 韩军峰 蒲新录

委 员（以姓氏笔画为序）

王丽梅 石长宏 刘 强 朱凤兰 朱军军
米 欣 宋 杨 张建华 张维丽 李志勇
李忠龙 李荣平 杨立新 杨 伟 杨 妮
苏娟婷 连建忠 陈 宇 房艳波 姚建英
姜东明 姜毅平 禹凤军 钟起辉 徐 成
徐瑞龙 强天林 焦仲秋 程达峰 韩高楼
褚红梅

丛书编辑 刘彩云 （lcy@ccpress.com.cn）

中等职业教育土木类专业规划教材
出 版 说 明

近年来,国家大力发展中等职业教育,中等职业教育获得了前所未有的发展,而且随着社会需求的不断变化,以及中等职业教育改革的不断深化,中等职业教育也面临着新的机遇和挑战;同时,随着我国城市化的推进和交通基础设施建设的蓬勃发展,公路、铁路、城市轨道交通等领域的大规模建设,对技能型人才的需求非常强烈,为土木类中等职业教育的发展提供了难得的契机。

为贯彻落实《国家中长期教育改革和发展规划纲要(2010—2020年)》以及《中等职业教育改革创新行动计划(2010—2012年)》等一系列文件的精神和要求,加快培养具有良好职业道德、必要文化知识、熟练职业技能等综合职业能力的高素质劳动者和技能型人才,人民交通出版社在有关学会和专家的指导下,组织全国十余所土木类重点中职院校,通过深入研讨,确立面向"十二五"的新型教材开发指导思想,共同编写出版本套中等职业土木类专业规划教材,意在为广大土木类中职院校提供一套具有鲜明中等职业教育特点、体现行业教育特色、适用且好用的高品质教材,以不断推进中等职业教学改革,全面提高中等职业土木类专业教育教学质量。

本套教材主要特色如下:

(1)面向"十二五",积极适应当前的职业教育教学改革需要,确保创新性和高质量。

(2)充分体现行业特色,重点突出教材与职业标准的深度对接,以及铁道、公路、城市轨道交通知识体系的深入交叉、整合、渗透,以满足教学培养和就业需要。

(3)立体化教材开发,教材配套完善——以"纸质教材+多媒体课件"为主体,配套实训用书,建设网络教学资源库,形成完整的教学工具和教学支持服务体系。

(4)纸质教材编写上,突出简明、实务、模块化,着重于图解和工程案例教学,确保教材体现较强的实践性,适合中职层次的学生特点和学习要求;当前高速公路、高速铁路、城市地铁、隧道工程建设发展迅速,技术更新较快,邀请企业人员与高等院校专家全程参与教材编写与审定,提供最新资料,确保所涉及技术和资料的先进性和准确性;结合双证书制进行教材编写,以满足目前职业院校学生培养中的双证书要求。

  本套教材开发依据教育部新颁中等职业学校专业目录中的土木类铁道施工与养护、道路与桥梁工程施工、建筑工程施工、水利水电工程施工、工程测量、土建工程检测、工程造价、工程机械运用与维修等专业要求,最新修订的全国技工院校专业目录中的公路施工与养护、桥梁施工与养护、公路工程测量、建筑施工等专业,以及公路、铁路、隧道及地下工程等土建领域的相关专业要求,面向上述领域的各职业和岗位,知识相互兼容与涵盖。本套教材可供上述各专业使用,其他相关专业以及相应的继续教育、岗位培训亦可选择使用。

人民交通出版社
中等职业教育土木类专业规划教材编审委员会
2011年6月

前　言

土木工程施工组织设计,是工程招投标、设计、施工、监理等各项管理工作的重要基础,特别是随着我国科学技术的高速发展,施工机械化水平的不断提高,新的施工工艺、施工方法、施工技术、施工材料的不断涌现,都在客观上要求广大工程技术人员与管理者必须紧跟科学技术的发展要求,不断更新观念,掌握和理解铁路、公路工程施工组织设计的新知识、新方法,提高自身业务能力。

本书共分5个单元,详细、系统地阐述了土木工程施工组织设计的基本概念、施工组织设计的程序和编制的方法、施工过程组织原理、机械化施工组织设计和网络计划技术。

本书在编写的过程中本着"简明扼要、综合性强、实践性强、重点突出、结构合理"的宗旨,广泛吸收新工艺、新方法、新规范、新标准,着重突出职业性、实用性、创新性,具有结构新颖、图文并茂、内容全面、通俗易懂、案例丰富的特点。

本书由齐齐哈尔铁路工程学校朱凤兰、太原铁路机械学校韩军峰担任主编,由朱凤兰负责全书的统稿工作。具体编写分工为:单元1、单元3、单元4由太原铁路机械学校韩军峰编写,单元2由中铁二十三局二公司张时钟编写,单元5由齐齐哈尔铁路工程学校曹中平编写。

由于本书涉及的内容广泛,许多方面在我国仍属于需要研究和探索的课题,加之作者水平有限,难免存在错误和不足之处,敬请读者批评指正。

编　者
2011年6月

目　录

单元 1　工程施工组织概论 ································ 1
　1.1　工程施工组织的研究对象与任务 ···················· 1
　1.2　工程施工程序 ···································· 3
　1.3　工程施工组织调查 ································ 7
　1.4　工程建设的内容及特点 ···························· 9
　1.5　工程项目管理简介 ································ 21
　单元小结 ·· 32
　阅读材料 ·· 32
　复习思考题 ·· 34

单元 2　施工过程组织原理 ······························ 35
　2.1　施工过程的组织原则 ······························ 35
　2.2　施工过程的时间组织 ······························ 39
　2.3　流水施工原理 ···································· 47
　单元小结 ·· 57
　阅读材料 ·· 57
　复习思考题 ·· 58

单元 3　工程施工组织设计 ······························ 59
　3.1　工程施工组织设计概述 ···························· 59
　3.2　施工组织设计的分类 ······························ 63
　3.3　施工组织设计的编制方法 ·························· 66
　单元小结 ·· 84
　阅读材料 ·· 85
　复习思考题 ·· 87

单元 4　机械化施工组织设计 ···························· 88
　4.1　机械化施工组织设计内容及编制方法 ················ 88
　4.2　工程施工机械的种类 ······························ 94
　4.3　施工机械的选型与配套 ···························· 97
　单元小结 ·· 106
　阅读材料 ·· 107
　复习思考题 ·· 107

单元 5　网络计划技术 ·································· 109
　5.1　网络计划的基本概念和表示方法 ···················· 109

5.2 网络图的绘图规则 …………………………………………………………… 112
5.3 双代号网络图的时间参数计算及关键线路的确定 …………………………… 116
5.4 双代号时标网络图的绘制及应用 …………………………………………… 120
5.5 单代号网络图的绘制及应用 ………………………………………………… 124
5.6 网络计划的优化 ……………………………………………………………… 127
单元小结 …………………………………………………………………………… 133
阅读材料 …………………………………………………………………………… 133
复习思考题 ………………………………………………………………………… 138
参考文献 ………………………………………………………………………… 141

单元 1　　工程施工组织概论

引子

施工组织是根据批准的建设计划、设计文件(施工图)和工程承包合同,对建筑安装工程任务,从开工到竣工交付使用,所进行的计划、组织、控制等活动的统称。

简而言之,施工组织是针对施工过程中直接使用的建筑工人、施工机械和建筑材料与构件等的组织,即针对基本施工过程、非基本施工过程和附属业务的组织,它既包括正式工程的施工,又包括临时设施工程的施工。

施工组织是项目施工管理中的主要组成部分,它所处的地位与作用直接关系着整个项目的经营成果。也可以说,它是把一个施工企业的生产管理范围缩小到一个施工现场(区域)对一个个工程项目的管理。

1.1 工程施工组织的研究对象与任务

1.1.1 工程施工组织的研究对象

工程施工组织主要研究建设项目施工过程中施工人员、施工资金、工程材料、施工机械、施工方法等生产诸要素的合理配置问题,如图1-1所示。

图1-1　施工组织研究对象

其中,施工企业关键技术岗位八大员是指施工员、预算员、质检员、安全员、材料员、试验员、测量员、资料员。

1.1.2 工程施工组织的任务

施工组织的任务是指按照客观规律科学地组织施工;积极为施工创造必要条件,保证合理与顺利施工;选择最优施工方案,取得最佳的经济效果;在施工中确保工程质量,缩短工程周期,安全生产,降低物耗,文明施工,为企业创造出社会信誉。具体包括以下内容。

1) 了解工程概况

重点了解施工任务、施工环境、施工内容、施工进度、施工方法、资金预算和保障措施等。

2) 确定施工方案

施工方案的论证和选择,是施工组织设计中最重要的环节之一,是决定工程全局的关键因素。确定施工方案时主要是确定施工方法、选择施工机械、安排施工工序等。

3) 计算工程数量

根据工程量和总工期的要求,合理部署施工人员、施工资金、工程材料、施工机械等需用量和供应方案。

4) 编制施工进度

科学安排施工时间表、路线图,责任分工到位,是工程按期实施的重要条件。

5) 规划施工现场

合理布局生产、生活、交通等设施,最大限度节约临时用地,保护环境,利于施工,方便生活,保障安全,绘制施工场地平面图。

6) 制订保障措施

为保证工程质量和安全施工,必须建立健全施工组织机构、施工运行机制、施工过程管理、施工资金保障、施工应急预案等施工保障措施。

1.1.3 铁路及公路建设资金来源

我国铁路、公路建设所需资金,按照"政府主导、多元化投资、市场化运作"的原则,不断拓宽筹融资渠道,建设资金主要有五个来源。

1) 中央预算投入

中央预算投入总体来讲十分有限,但其导向作用十分突出,例如,对公益性的西部铁路建设的投资,带动了其他社会投资投入。

2) 行业自筹

铁路及公路运输收入中提取的建设基金和从整个铁路、公路行业提取的更新改造资金,是铁路、公路建设资本金最主要的部分,例如,铁路建设自筹资金每年大约有1000亿元左右。

3) 战略合作筹资

通过战略合作协议,筹集来自地方政府和其他战略合资人的资金。例如,2004年以来,铁道部先后与全国31个省市自治区签订了共同加快铁路建设的战略合作协议,地方政府不仅以征地拆迁费用入股或直接投资等形式参与铁路建设,而且在项目的规划协调、用地预审、环境评价等前期工作和征地拆迁等实施过程中,给予大力支持和优惠政策。地方政府投资已经达到了铁路建设资金的30%,很大程度上解决了中央投资不足的问题。

4) 政策支持

争取政策支持,加大铁路、公路债券的发行力度。例如,铁路部门与包括国家开发银行在内的各大商业银行签订战略合作协议,同时大力推进融资方式多样化,优化债务结构,大幅度降低筹资成本。2006年成功发行400亿元铁路债券,2007年发行600亿元铁路债券,2008年发行800亿元铁路债券,2009年发行1000亿元铁路债券,2010年发行800亿元铁路债券,实现了铁路低成本的大额融资。

5) 资本市场

对既有铁路通过股改上市,在资本市场上募集资金。按照"存量换增量"的股份制改革试点思路,2006年大秦铁路公司和广深铁路公司首发A股上市获得成功,对铁路企业进行重组整合,选择铁路部分优质资产改制上市,迈出了建立中国铁路特色现代企业制度的关键一步。

1.2 工程施工程序

不论是工程基本建设,还是大中修工程项目,施工程序都是一致的。工程施工程序是指施工单位从接受施工任务到工程竣工验收阶段必须遵守的工作顺序,主要包括:接受施工项目(即签订工程承包合同)、施工准备工作、工程施工和竣工验收,如图1-2所示。

图1-2 施工程序

1.2.1 接受施工项目

1) 施工单位接受施工项目的方式

施工单位接受施工项目通常有三种方式:

(1) 上级主管部门统一布置任务,下达计划安排的项目。

(2) 经主管部门同意,自行对外接受的项目。

(3) 参加投标,中标而获得的项目。

现在,施工项目主要通过参加投标,通过建设市场中的平等竞争而取得。

2) 施工单位接受施工项目的注意事项

(1) 查证核实工程项目。查证核实工程项目是否列入国家计划,必须有批准的可行性研究、初步设计(或施工图设计)及概(预)算文件,方可签订施工承包合同,进行施工准备工作。

(2) 接受施工项目。接受施工项目,以签订施工承包合同为准。施工单位,凡接受工程项目,都必须同建设单位签订工程承包合同,明确各自的权利和义务,即明确双方的经济、技术责任,互相制约,共同保证按质、按量、按期完成工程项目的建设任务。合同一经签订,即具有法律效力,双方要严格履行合同。

(3) 施工承包合同内容。施工承包合同内容,一般包括:简要说明、工程概况、承包方式、工程质量、开(竣)工日期、工程造价、物资供应与管理、工程拨款与结算办法、违约责任、奖惩条款、双方的配合协作关系等。

1.2.2 施工准备工作

施工单位接受施工项目后,即可着手进行施工准备工作。施工准备工作涉及面广,必须有计划、按步骤、分阶段地进行,才能在较短的时间内为工程开工创造必要的条件。准备工作的基本任务:了解施工的客观条件,根据工程的特点、进度要求,合理安排施工力量,从人力、物资、技术和施工组织等方面为工程施工创造一切必要的条件。

施工准备工作的内容可以归纳如下。

1) 施工技术准备

(1) 熟悉和核对设计文件及有关资料

设计文件是工程施工最重要的依据,组织技术人员熟悉和了解设计文件,是为了明确设计者的设计意图,掌握图纸、资料的主要内容及有关的原始资料。此外,从设计到施工通常都要间隔几年时间,勘测设计时的原始自然状况由于各种原因已经变化,因此,必须对设计文件和图纸进行现场核对。其主要内容如下。

① 各项计划的布置、安排是否符合国家有关方针、政策、规定以及国家的整体布局;设计图纸、技术资料是否齐全,有无错误和相互矛盾。

② 设计文件所依据的水文、气象、地质、岩土等资料是否准确、可靠、齐全。

③ 掌握整个工程的设计内容和技术条件,弄清设计规模、结构特点和形式。

④ 核对路线中线、主要控制点、转角点、水准点、三角点、基线等是否准确无误;重点地段的路基横断面是否合理;构造物的位置、结构形式、尺寸大小、孔径等是否适当,能否采用更先进的技术或使用新材料。

⑤ 路线或构造物与农用、水利、航道、既有铁路、既有公路、电信、管道及其他建筑物的相互干扰情况及其解决办法是否适当,干扰可否避免(对历史文物纪念地尤为重要)。

⑥ 对地质不良地段采取的处理措施是否先进合理,对防止水土流失和保护环境采取的措施是否适当、有效。

⑦ 施工方法、料场分布、运输工具、道路条件等是否符合工程现场实际情况。

⑧ 临时便桥、便道、房屋、电力设施、电信设施、临时供水、施工场地布置等是否合理。

⑨ 各项纪要、协议等文件是否齐全、完善。

⑩ 明确建设期限。现场核对时,如发现设计有错误或不合理之处,应提出修改意见报上级机关审批,待核准批复后再进行现场测量、修改设计、补充图纸等工作。

(2) 补充调查资料

进行现场补充调查,是为优化和修改设计、编制实施性施工组织设计、因地制宜地布置施工场地等收集资料。调查的内容主要有:

① 工程地点的地形、地质、水文、气候条件。

② 自采加工材料场储量、地方材料供应情况、施工期间可供利用的房屋数量。

③ 当地劳动力情况、工业生产加工能力、运输条件和运输工具。

④ 施工场地的水源、水质、电源,以及生活物质供应情况。

⑤ 当地民俗风情、生活习惯等。

(3) 编制实施性施工组织设计和施工预算

实施性施工组织设计是指导施工的重要技术文件。铁路、公路施工是野外作业,又是线形工程,各地自然地理状况和施工条件差异很大,不可能采用一种定型的、一成不变的施工方案和施工方法,每项工程的施工都需要通过深入细致的工作,个别确定施工方案和施工方法。因此,施工阶段必须编制实施性施工组织设计,并编制相应的施工预算。

2) 施工现场准备

经过现场核对后,依据设计文件和实施性施工组织设计,认真做好施工现场准备工作。

(1) 征地及拆迁

划定工程建设用地,开始征用土地,拆迁房屋、电信及管线设施等各种障碍物(包括施工临时用地)。

(2) 施工现场技术准备

① 进行施工测量,平整场地。

② 建立工地实验室,进行各种建筑材料试验和土质试验,为施工提供可靠数据。

③ 落实各施工点的施工方案以及供水、供电设施。

④ 各种施工物资(包括建筑材料、机具设备、工具等)的调查与准备,进场后的堆放、保管及安全工作等。

(3) 建立临时生活、生产设施

修建便道、便桥,搭盖工棚,选址修建构件预制场、沥青拌和基地、混凝土搅拌站等大型临时设施;临时供水、供电、供热及通信设备的安装、架设与试运行。

3) 施工人员准备

铁路、公路施工需要调用大量管理人员和作业人员,施工技术准备和现场准备工作基本完成后,即可组建施工机构,集结施工队伍。当施工队伍进场后,应及时做好开工前的政治思想教育、技术学习和安全教育工作。

施工先遣人员的任务就是:结合施工现场的实际情况,具体落实施工人员进场开工后在生产、生活等方面必须解决的问题;对施工中涉及其他部门的问题,做好联系、协调工作;及时与当地政府部门取得联系,争取地方政府对工程施工的支持。

4) 施工物资准备

施工现场准备工作基本完成后,即可组织施工材料、机具按计划进入施工现场,并按事先平面布局规划存放和妥善保管。

5) 施工资金准备

工程开工前,建设单位应按施工合同将工程备料预付款拨给施工单位,以便施工单位安排备料,准备开工。

6) 提出开工报告

上述各项具体准备工作完成后,即可向建设单位或施工监理部门提出开工报告。开工报告必须按规定的格式填写,并于上级要求或合同规定的最后日期之前提出。

1.2.3 工程施工

1)工程施工组织基本文件

工程施工组织应有以下基本文件:

(1)设计图纸、资料。

(2)施工规范和技术操作规程。

(3)各种定额。

(4)施工图预算。

(5)实施性施工组织设计。

(6)工程质量检验评定标准和施工验收规范。

(7)施工安全操作规程。

2)工程施工组织基本要求

在开工报告批准后,才能开始正式施工。施工应严格按照设计图纸进行,如需要变更,必须事先按规定程序报经监理工程师或建设单位批准;按照施工组织设计确定的施工方法、施工顺序及进度要求进行施工。为了确保质量、安全操作,施工要严格按照设计要求和施工技术规范、验收规程进行,发现问题,及时解决。

铁路、公路工程施工都是复杂的系统工程,必须科学合理地组织,建立正常、文明的施工秩序,有效地使用劳动力、材料、机具、设备、资金等。施工方案要因地制宜、结合实际,施工方法要先进合理、切实可行。施工中既要保证工程质量和施工进度,又要注意保护环境、安全生产。

1.2.4 竣工验收

铁路、公路基本建设项目的竣工验收是全面考核工程设计成果,检验设计和施工质量的重要环节。做好竣工验收工作,总结建设经验,对今后提高建设质量和管理水平有重要作用。施工单位在竣工验收阶段应做好以下几项工作。

1)竣工验收准备

(1)自行初检

工程项目按设计要求建成后,施工单位应自行初检。初检要做到以下几点:

①要进行竣工测量,编制竣工图表。

②认真检查各分部工程,发现有不符合设计要求和验收标准之处应及时修改。

③整理好原始记录、工程变更设计记录、材料试验记录等施工资料。

④提出初检报告,按投资隶属关系上报。

(2)初检报告内容

初检报告一般包括如下内容:

①初检工作的组织情况。

②工程概况及竣工工程数量。

③各单项工程检查情况和工程质量情况。

④检查中发现的重大质量问题及处理意见。

⑤遗留问题的处理意见和提交竣工验收时讨论的问题。

2)竣工验收工作

施工单位所承担的工程全部完成后,经初检符合设计要求,并具备相应的施工文件资料,应及时报请上级领导单位组织竣工验收。竣工验收的具体工作,由验收委员会负责完成。验收委员会在听取施工单位的施工情况和初检情况汇报并审查各项施工资料之后,采取全面检查、重点复查的方法进行验收。对初检时有争议的工程及确定返工或补做的工程,应全面检查和复测。对高填、深挖、急弯、陡坡路段,应重点抽查。小桥涵及一般构造物,一般路段路基、轨道或路面及排水和安全设施等,可采取随机抽查的方式进行检查。检查过程中,必要时可采用挖探、取样试验等手段。验收工作以设计文件为依据,按照国家有关规定,分析检查结果,评定工程质量等级,并经监理工程师签认。对需要返工的工程,应查明原因,提出处理意见,由施工单位负责按期修复。

3)技术总结

竣工验收通过后,施工单位应认真做好工程施工的技术总结,以利于不断提高施工技术水平和管理水平。对于施工中采用的新技术和重大技术革新项目,以及施工组织、技术管理、工程质量、安全工作等方面的成绩,应进行专题总结并在公司内推广。

4)建立技术档案

技术档案包括设计文件、施工图表、原始记录、竣工文件、验收资料、专题施工技术总结等。在工程竣工验收后,由施工单位汇集整理、装订成册,按管理等级建档保存,以备今后查用。

1.3 工程施工组织调查

1.3.1 施工组织调查程序

施工组织调查的程序,如图 1-3 所示。

图 1-3 施工组织调查程序

(1)拟定调查提纲,包括调查范围、内容和调查方式。

(2)组织现场勘察,收集有关资料。

(3)通过资料分析,编写调查报告。

1.3.2 施工组织调查内容

铁路、公路施工组织调查的主要内容:

(1) 气象、地形、地质、水文和环境状况,包括:气流、气温、降水、地震、植被等,特别是不良地质、特殊地质和自然灾害情况。

(2) 沿线的风俗习惯,卫生防疫,区域性的病疫等地区特征。

(3) 地方政府对建设征地拆迁、移民安置、环境保护等法规政策及实施方案。

(4) 沿线可利用资源及建设条件,具体内容如下:

①沿线工业、电力、通信、水源和其他动力分布情况。

②沿线交通设施、客货运输及交通规划情况。

③当地材料的产销情况,砂石料、木材、水泥、粉煤灰、矿粉、石灰、砖等的产地、产量(储量、可开采量)、质量、运输条件等。

④沿线火工品供应及管理情况。

⑤填料料源点位置、数量、质量情况,既有渣场生产情况,可供生产道砟的石源,可开采加工情况及运输条件。

⑥弃土场及弃渣场位置、地形地貌、可弃数量,需采取的环境保护措施。

⑦制梁场、轨枕(板)预制场、铺轨基地等大型临时设施的位置及设置条件。

⑧沿线地方政府及居民对本建设项目的态度和期望目标。

(5) 接轨的既有铁路情况,穿跨的铁路、公路、河流情况,用地数量、地类,拆迁数量、产权单位,用地范围内电力、通信、信号、建筑物及工业、生活管线状况,过渡、迁改方案及产权单位意见。

(6) 目前铁路、公路行业施工能力及施工技术水平。

(7) 其他需要调查的情况。

1.3.3 各专业施工组织调查内容

铁路、公路各专业施工组织调查的重点内容如下:

1) 路基工程

(1) 核对土石类别及分布,调查填料类别、来源、弃土位置和运输条件等。

(2) 调查核对级配碎石填料和拌和场地等有关资料。

(3) 爆破施工地段的地形、地貌、地质,附近居民、建筑物、交通与电力、通信设施等。

2) 桥梁工程

(1) 调查跨越河流的水位、河道通航条件及标准。

(2) 修建便道、便桥、码头、预制场、拌和站等大型临设施的条件。

(3) 桥梁分布情况。

(4) 运架设备进场需要经过的道路、涵渠、桥梁的承载能力。

(5) 设计桥梁施工方案、工艺的可行性。

3) 隧道工程

调查洞口地形、弃渣利用条件、辅助导坑设置条件,便道引入方案。

4) 轨道工程

铺轨基地接轨条件、引入方案、过渡工程方案。

1.3.4　施工组织资料收集方法

铁路、公路施工组织资料收集的方法有以下三种：

(1) 向勘察、设计单位收集资料。

(2) 从当地有关部门和类似工程中收集资料。

(3) 实地勘测和调查补充资料。

将收集到的资料整理、归纳后，进行分析研究，对于特别重要的资料，必须复查其数据的可靠性、真实性。

1.3.5　施工组织调查报告内容

铁路、公路施工组织调查报告内容有：

(1) 工程概况。

(2) 施工条件。

(3) 施工方案建议。主要包括：

① 施工区段及标段划分。

② 施工道路、桥梁、码头、渡口等的设置方案，施工供水、供电网络和工地发电站的设置方案。

③ 砂石料来源选定和主要材料及半成品构件供应途径。

④ 主要材料场、制梁场、道砟场、轨枕（板）预制场、铺轨基地、拌和站等大型临时设施的位置和规模，临时用地复垦、转用方案。

⑤ 重点路基、特殊桥梁、长大隧道及轨道工程的施工方案。

⑥ 箱梁预制、运输、架设方案和现浇梁方案。

⑦ 征地拆迁组织方式、实施方案、推进计划及措施的意见，特殊拆迁项目与产权人达成的意向。

⑧ 与既有铁路接轨建议方案。

(4) 存在的主要问题和意见。

1.4　工程建设的内容及特点

1.4.1　路基工程

1) 路基

铁路路基是轨道的基础，支承轨道和传递列车荷载的建筑物。公路路基是路面的基础，支承路面和传递汽车荷载的建筑物。

路基按横断面形式可分为路堤和路堑两种，如图1-4、图1-5所示。

(1) 路堤

当路肩设计标高高于天然地面时，路基由土石在地面填筑而成，这种路基称为路堤。路堤结构包括路基面、边坡、护道、取土坑或纵向排水沟等。

图1-4 路堤横断面图

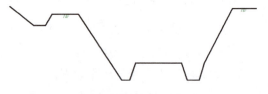
图1-5 路堑横断面图

(2) 路堑

当路肩设计标高低于天然地面时,路基由开挖土石而成,这种路基称为路堑。路堑结构包括路基面、边坡、侧沟、弃土堆和截水沟等。

2) 路基工程内容

路基工程主要包括路基本体工程和路基设备工程两大类。

路基本体工程的组成如图1-6所示。

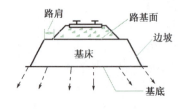
图1-6 路基本体工程的组成

路基设备工程包括路基防护设备工程、路基加固设备工程、路基支挡设备工程、路基排水设备工程。

(1) 路基本体工程

路基本体工程主要包括路堤工程和路堑工程。在一定条件下,也可不经填筑和开挖而直接以天然地面做路基。

路堤基底横向坡度较大时,填筑前应清除草皮或修筑台阶,以保证稳定。路堤应将填料分层填筑,并在控制含水率的条件下碾压到要求的密实度,每层填料厚约0.3m。碾压可用平碾、羊足碾、自动倾卸车、铲运机、推土机、轮胎碾和振动碾等机具。路堤填筑必须严格控制填筑密度。否则,通车后路基会发生沉陷和局部坍滑,给正常运营带来严重影响。

路堑开挖因土质条件不同而采用不同的施工方法。土质路堑可用挖土机、铲运机等开挖。石质路堑则用爆破技术开挖,特别在石方集中的大工点,常用松动大爆破,一次使石方松碎,便于机械或人工清理。

目前,大规模的填石路堤已开始采用定向大爆破技术,即一次定向爆破就能完成借土填筑路堤的施工任务。但定向大爆破控制不好,会造成路堑部分边坡凸凹不齐,悬石松动,给养护增加困难。采用新的深孔爆破技术,配合预裂和光面爆破技术,可控制路堑的边坡坡度,增加边坡的稳定性。

(2) 路基防护和加固工程

路基防护和加固工程是为防止土质和风化岩石路基边坡在长期地面径流作用下被破坏所采取的坡面防护措施。对易生长植物的边坡,可采用种草籽、铺草皮或栽种灌木的防护措施。为提高种草效果,可采用塑料薄膜和草籽掺化肥法。对不易生长植物和陡峭的边坡,可采用修筑砌石护坡、护墙、三合土捶面等防护措施,其中锚杆喷射混凝土护墙采用较多。对河流冲刷的路基,一般采用加固、抛石和石笼等防冲刷措施,也采用潜坝、顺坝、挑水坝等导流建筑物,以疏导河水流向,减轻河水对坡岸的直接冲刷。我国采用水下桩排防护傍岸集中冲刷。

(3) 路基支挡工程

路基支挡工程是为保证山区铁路路基和山坡的稳定,以及为减少城市附近铁路路基用地,在路堤坡脚或路堑边坡处修建的支挡建筑物。最常见的是干砌片石垛、重力式圬工挡墙和钢筋混凝土半重力式挡墙。1966年中国在贵昆铁路和成昆铁路一些地段,采用了修筑桩排架挡墙和挖孔桩等措施,稳定路堤和防止山坡变形。此外,成昆铁路还成功地采用了托盘式挡墙。近年来,各国普遍采用一些轻型的支挡结构,可充分利用地形,减少圬土量,提高施工机械化程度。其中主要有以下两种:

①锚杆挡墙,如图1-7所示。锚杆挡墙由钢筋混凝土支柱和挡板组成。支柱采用锚固在岩体中的钢筋或钢丝索拉杆稳定,挡板一般采用泡沫混凝土墙面板和预制墙面板。瑞士在朗西奥地区修筑公路时,为避免开挖路堑时风化岩层坍落,在将要修筑挡墙处先立76个钻孔灌注桩(桩的直径为1.0m,间距为4.0m,在路面以上部分长18m),然后再开挖路堑。在开挖中,采取分三层开挖的方法,并用三根钢筋混凝土横梁与桩构成支挡边坡的框架,桩与横梁交点处用钻孔斜锚杆锚固。

锚杆有锚固于岩体中的岩层锚杆,锚固于土体中的土层锚杆。岩层锚杆采用较普遍,土层锚杆一般用于临时性工程。近年来,土层锚杆的应用技术有很大发展,在日本和德国不仅用于临时性工程,而且用于永久性建筑物。我国在铁路桥台和挡墙还采用了锚锭板结构。

②加筋土挡墙,如图1-8所示。加筋土挡墙由墙面板、拉筋及填土组成。面板用高约25~150cm轻金属曲壳或预制混凝土板;拉筋用带状扁钢或金属纤维,其一端与面板相连,其余部分铺埋于填土中,挡墙靠拉筋与填土间的摩擦力保持稳定;填土一般用砂性土。世界上第一座公路加筋土挡墙于1966年在法国建成。铁路加筋土挡墙于1973年在日本建成。此后,加筋土挡墙相继在许多国家建成。截至1980年底,已在30多个国家的2300多个工点共建成墙面总面积超过140万 m^2 的加筋土挡墙。加筋土挡墙适用于各种不同的工程条件,可承受静载、动载、地震荷载、水力荷载和海浪荷载等。此外,加筋土挡墙柔性大、造价低、施工简易。加筋土挡墙尚需进一步研究新型面板,以适应工程美观要求,并研究新拉筋材料,以提高摩阻力和防腐性能。

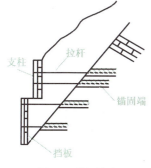

图1-7 锚杆挡墙

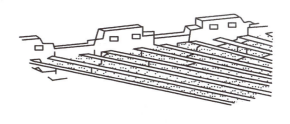

图1-8 加筋土挡墙

(4) 路基排水工程

路基排水工程是为保持路基的坚固性和稳定性,在路基两侧平整地面,修建相应的排水建筑物,以避免路基受水浸湿而产生病害。路堤两侧设排水沟或利用取土坑排地面水。路堑两侧设侧沟,其中设于堑顶的侧沟称为天沟,设于边坡平台的侧沟称为截水沟。地面排水设备为避免渗水和冲刷,可铺砌或修筑木质、石质或混凝土排水槽,在高差较大和地形陡峻处,可增设跌水和急流槽。路基附近存在危及路基稳定性的地下水时,则在侧沟下或侧沟旁做渗水暗沟,以截断地下含水层,降低地下水位或将地下水聚集引出路基范围以外。渗水暗沟有的埋有渗水管,有的完全回填砂砾料不设渗水管,即盲沟。渗水暗沟设有反滤层和检查井,以防淤塞。

3) 路基工程特点

(1) 路基长

在铁路、公路建设工程中,路基工程占有很大比例,尤其是山区路基更甚。平原地区的路基长度约占总长的 80%~90%,即使桥隧密集的成昆铁路,路基长度也占到全长的近 70%。

(2) 土石方数量大

一般新建单线铁路的土石方数量为 6.7 万 m^3/km,困难的山岳地区高达 13.5 万 m^3/km。

(3) 占地面积大

路基填挖平均高为 3m 时,每千米约占地 $15732m^2$。

(4) 使用劳动力多

人力施工的路基工程,劳动力的使用约占全线劳动量的 40%~60%。

(5) 工程费用高

路基工程所需的费用可达到工程总费用的 25%~60%。

1.4.2 桥涵工程

1) 桥梁工程

(1) 桥梁

在修建一条铁路或公路时,常常会碰到江河、山谷、既有铁路、既有公路,为了让铁路或公路跨越这些地形上的障碍,就需要修建各种各样的桥梁,图 1-9 为苏通长江公路大桥。

(2) 桥梁工程内容

一般来讲,桥梁工程主要包括:桥跨结构、下部结构、支座和附属设施等建设工程。

① 桥跨结构工程。桥跨结构(也称上部结构)是指桥梁结构中直接承受车辆和其他荷载,并跨越各种障碍物的主要承重结构。

桥跨结构的主要作用是跨越山谷、河流及各种障碍物,并将其直接承受的各种荷载通过桥梁支座传递到指定的下部结构上去,同时保证桥上交通能在一定条件下正常安全运营。

② 下部结构工程。桥梁下部结构是由桥墩、桥台和基础组成的。桥墩和桥台是支承上部结构并将其恒载和车辆等活载传至基础的结构物。一座桥梁的桥台只有两个,设在桥的两端;而桥墩可以不设或在两桥台之间设一个到数个。桥墩两侧均为桥跨结构,而桥台一侧为桥跨

结构，另一侧为路堤。桥台除支承桥跨结构外，还起到衔接桥梁与路堤的作用，并抵御路堤的土压力，防止其滑坡坍落。

图1-9 苏通长江公路大桥

桥梁墩台底部与地基相接触的结构部分称为墩台基础。墩台基础是桥梁结构的根基，对桥梁结构的使用安全起着举足轻重的作用。这部分是桥梁施工中最复杂、难度最大的环节之一。大量事实证明，许多桥梁的毁坏都是由于墩台基础的强度或稳定性出现问题而引起的。

③支座工程。桥梁支座设在墩（台）顶。桥梁支座的主要作用是将桥跨结构上的恒载与活载反力传递到桥梁的墩台上去，同时保证桥跨结构所要求的位移与转动，以便使结构的实际受力情况与计算的理论图式相符合。

④附属设施工程。桥梁的基本附属设施有桥面系、伸缩缝、桥梁与路堤衔接处的桥头搭板、桥台的锥形护坡、护岸、挡土墙、导流结构物、检查设备等。

(3) 桥梁的类型

现行铁路、公路桥梁主要有下列几种。

①梁式桥。铁路、公路采用最多的是梁式桥。它是一种使用最广泛的桥梁形式，可细分为简支梁桥、连续梁桥和悬臂梁桥。

简支梁桥是指梁的两端分别为铰支（固定）端与活动端的单跨梁式桥。

连续梁桥是指桥跨结构连续跨越两个以上桥孔的梁式桥。

在桥墩上连续，在桥孔内中断，线路在桥孔内过渡到另一根梁上的称为悬臂梁，采用这种梁的桥称为悬臂梁桥。

梁式桥的梁身可以做成实腹的，也可做成空腹的，空腹的称为桁梁，桁梁也叫桁架。桁架的类型五花八门，有三角形、双斜杆形、菱格形、米字形、多腹杆密格形、K形、W形、空腹形等。

②拱式桥。拱式桥由拱上建筑、拱圈和墩台组成。在竖直荷载作用下，作为承重结构的拱肋主要承受压力。拱桥的支座既要承受竖向力，又要承受水平力，因此拱式桥对基础与地基的

要求比梁式桥要高。拱式桥按桥面位置可分为上承式拱桥、中承式拱桥和下承式拱桥。

③悬索桥。悬索桥是桥面支承在悬索(也称大缆)上的桥,又称吊桥。它是以悬索跨过塔顶的鞍形支座锚固在两岸的锚锭中,作为主要承重结构。在缆索上悬挂吊杆,桥面悬挂在吊杆上。由于这种桥可充分利用悬索钢缆的高抗拉强度,具有用料省、自重轻的特点,是现在各种体系桥梁中能达到最大跨度的一种桥梁形式。

④斜拉桥。斜拉桥是将梁用若干根斜拉索拉在塔柱上的桥。它由梁、斜拉索和塔柱三部分组成。斜拉桥是一种自锚式体系,斜拉索的水平力由梁承受。梁除支承在墩台上外,还支承在由塔柱引出的斜拉索上。按梁所用的材料不同可分为钢斜拉桥、结合梁斜拉桥和混凝土梁斜拉桥。

⑤刚构桥。刚构桥是指桥跨结构与桥墩式桥台连为一体的桥。刚构桥根据外形可分为门形刚构桥、斜腿刚构桥和箱形桥。斜腿刚构桥可应用于山谷、深河陡坡地段,避免修建高墩或深水基础。箱形桥的梁跨、腿部和底板连成整体,刚性好,适用于地基不良的情况和既有线下采用顶推法施工。

除以上5种桥梁基本结构形式外,还有一种其承重结构由两种结构形式组合而成的,称为组合体系桥梁。如梁与拱的组合,以九江长江大桥为代表;梁与悬吊系统的组合,以丹东鸭绿江大桥为代表;梁与斜拉索的组合,以芜湖长江大桥为代表等。

2)涵洞工程

(1)涵洞

涵洞是设在铁路、公路路堤下部的填土中,是用以通过水流或行人的一种建筑物。

(2)涵洞工程内容

涵洞工程通常包括洞身、洞口建筑两大建设工程。

①洞身工程。洞身形成过水孔道的主体,它应具有保证设计流量通过的必要孔径,同时又要求本身坚固而稳定。洞身的作用是:一方面保证水流通过;另一方面也直接承受荷载压力和填土压力,并将其传递给地基。洞身通常由承重结构(如拱圈、盖板等)、涵台、基础以及防水层、伸缩缝等部分组成。钢筋混凝土箱涵及圆管涵为封闭结构,涵台、盖板、基础连成整体,其涵身断面由箱节或管节组成,为了便于排水,涵洞涵身还应有适当的纵坡,其最小坡度为0.3%。

②洞口建筑工程。洞口是洞身、路基、河道三者的连接构造物。洞口建筑由进水口、出水口和沟床加固三部分组成。洞口的作用是:一方面使涵洞与河道顺接,使水流进出顺畅;另一方面确保路基边坡稳定,使之免受水流冲刷。沟床加固包括进出口调治构造物、减冲防冲设施等。

(3)涵洞的类型

①按照构造形式,涵洞可分为圆管涵、拱涵、盖板涵、箱涵。

圆管涵由洞身及洞口两部分组成。洞身是过水孔道的主体,主要由管身、基础、接缝组成。

洞口是洞身、路基和水流三者的连接部位,主要有八字墙和一字墙两种洞口形式。

拱涵是指洞身顶部呈拱形的涵洞,一般超载潜力较大,砌筑技术容易掌握,便于群众修建,是一种普遍的涵洞形式。

盖板涵是涵洞的一种形式,它受力明确,构造简单,施工方便。盖板涵主要由盖板、涵台及基础等部分组成。盖板涵与单跨简支板梁桥的结构形式基本相同,只是盖板涵的跨径较小。

箱涵不是盖板明渠,箱涵的盖板及涵身、基础是用钢筋混凝土浇筑起来的一个整体,可用来排水、过人及车辆通过。箱涵适用于软土地基,但造价就会高些。

②按照填土情况不同分类,涵洞可以分为明涵和暗涵。

明涵洞顶无填土,适用于低路堤及浅沟渠处。

暗涵洞顶有填土,且最小的填土厚度应大于50cm,适用于高路堤及深沟渠处。

③按建筑材料分类,涵洞可分为砖涵、石涵、混凝土涵及钢筋混凝土涵等。

3)桥涵工程特点

(1)桥涵工程类型多

如上所述桥梁、涵洞类型很多,随着科技的进步,机械化程度的提高,将不断设计出新的桥梁、涵洞,不同类型的桥梁、涵洞,施工方法各不相同。

(2)施工技术复杂

桥涵施工技术,一方面是由桥涵类型、结构决定的;另一方面由于桥涵工程在野外施工,受地形、地质、水文、气候的制约,使得施工技术复杂,难度大,特别是深水桥基础的施工,常会遇到不良地质,给施工带来很大困难。现在,架梁采用悬拼、悬浇、顶推等方法,施工技术比较复杂。

(3)施工人员和机械集中,工作面狭小

桥涵工程特别是大桥、特大桥、高桥和大型涵洞,从基础开始到工程完工,需要各种各类工程技术人员参与施工,专业多、工种多、工序多,而且相互交叉,立体作业。因施工场地受限于峡谷、水流以及高空作业等条件,在狭小的施工场地上要聚集相当数量的劳力、建材和机具,更需要精心组织和合理配置。

(4)桥涵工程比重大

一条铁路或公路建设中,桥涵工程占有相当比重,特别是穿越地形复杂的山区地段和河流交错的南方工程更加突出。例如,承担晋煤外运任务的大秦复线电气化铁路的阳原至张家湾段,平均每千米正线架桥195.5延米、涵洞60.5横延米。成昆铁路全长1085km,架桥653座,平均每1.7km一座桥梁。

1.4.3 隧道工程

1)隧道

铁路或公路隧道是线路跨越山岭时,为避免开挖很深的路堑或修建很长的迂回线,而修建的穿越山岭的建筑物,一般也称为山岭隧道。此外,还有为穿越河流或海峡而从河下或海底通过的隧道,称为水下隧道;为适应铁路或公路通过大城市的需要而在城市地下穿越的,称为城市隧道。这三类隧道中修建最多的是山岭隧道,如图1-10所示。

图1-10 山岭隧道

2)隧道工程内容

隧道工程主要包括:洞身、衬砌、洞门、附属建筑物等建设工程。

①洞身工程。洞身是隧道结构的主体部分,是列车、汽车通行的通道,其净空应符合国家规定的铁路隧道、公路隧道建筑限界的要求,特别是电气化铁路要求更严。其长度由两端洞门的位置来决定。

②衬砌工程。衬砌是承受地层压力,维持岩体稳定,阻止坑道周围地层变形的永久性支撑物。它由拱圈、边墙、托梁和仰拱组成。

拱圈位于坑道顶部,半圆形,为承受地层压力的主要部分。边墙位于坑道两侧,承受来自拱圈和坑道侧面的土体压力,可分为垂直形和曲线形两种。托梁位于拱圈和边墙之间,为防止拱圈底部挖空时发生松动开裂,用来支承拱圈。仰拱位于坑底,形状与一般拱圈相似,但弯曲方向与拱圈相反,用来抵抗土体滑动和防止底部土体隆起。

③洞门工程。洞门位于隧道出入口处,用来保护洞口土体和边坡稳定,排除仰坡流下的水。它由端墙、翼墙及端墙背部的排水系统组成。

④附属建筑物工程。隧道附属建筑物包括为工作人员、行人及运料小车避让列车、汽车而修建的避人洞和避车洞,为防止和排除隧道漏水或结冰而设置的排水沟和盲沟,为机车排出有害气体的通风设备,电气化铁道的接触网、电缆槽等。

3)隧道工程特点

(1)隐蔽性大

工程竣工后,我们只能看到隧道的外观,而其内部及结构物背后的状态是隐蔽的。工程地质和水文地质条件对隧道工程的成败起着重要、甚至是决定性的作用。由于地质条件的复杂性和勘探手段的局限性,在隧道施工中出现未预料的情况目前仍不可避免。宜万铁路野三关隧道位于湖北省巴东县野三关镇碗口河和支井河之间,全长13.976km,隧道穿越三叠系大冶组、嘉陵江组、二叠系、石炭系、泥盆系、志留系地层,其中灰岩地层长度8772m,占隧道的63%,碎屑岩长度5074m,占隧道的37%,另发育5条暗河及管道流。所遇的地质条件复杂程度和施工难度是我国目前已建和在建铁路隧道工程中最为复杂、最为艰险的。断层由角砾岩和断层泥组成,挖掘时如果捅破,山体里面的泥浆会喷射而出,可达100层楼高。

(2) 作业循环性强

隧道是纵长的,施工是严格地按照一定的顺序循环作业的。如开挖就是按照"钻孔—装药—爆破—通风—出渣",一步一步地循环开挖,直到最后隧道贯通。这种循环性是隧道施工最具特色的一点,也是组织隧道施工的基本原则。

(3) 作业空间有限

隧道通常是在地下一定深度修筑的,隧道的尺寸受到极大限制,这也就决定了施工空间的尺寸和形状。在有限的空间内进行施工,投入的人力和机械,都不能够"畅所欲为",都要考虑有限空间这个特点。因此,像地面工程使用的大型机械,是很难在地下工程中发挥其作用的,必须采用适合地下工程有限空间的施工机械和施工方法。

(4) 作业的综合性

隧道施工是由多种作业构成,开挖、支护、出渣运输、通风及除尘、防水及排水、供电、供风、供水等作业,缺一不可。每一项作业搞得不好都会影响全局。因此,隧道施工的综合性很强。这就要求我们必须有良好的施工管理和施工组织的经验,才能使隧道工程有序地快速进展。

(5) 施工过程的动态性

地下结构的力学动态是极为复杂的,其复杂程度直到目前,还有许多不清楚的地方。我们只能在修筑隧道的整个过程中,逐渐地去认识和理解它的力学状态的变化,并通过各种手段极力控制和调整结构的力学状态变化。从力学角度看,施工过程,就是控制和调整这个力学状态变化的过程,施工技术也就是控制和调整这个力学状态的手段和方法,理解这一点是极为重要的。

(6) 作业环境差

隧道施工的作业环境比较差,黑暗、潮湿、粉尘多,在恶劣的地质条件下,还有安全的问题。因此,如何创造一个安全、舒适和工厂化的作业环境,就成为地下施工技术要解决的重要课题。

(7) 作业风险性大

风险性与隐蔽性是关联的,施工人员必须经常关注隧道施工的风险性。特别是在不良地质条件下,更要有风险意识和应变意识,应该对掘进工作面顶板岩石的稳定性及时进行安全评价。

1.4.4 其他工程

铁路工程与公路工程除路基工程、桥涵工程、隧道工程有相同或相似的施工要求和特点外,其他工程都差别较大,分别介绍如下。

1) 轨道工程

(1)轨道

在路基和桥隧建筑物修成之后,就可以在上面铺设轨道。轨道位于铁路路基上,承受车轮传来的荷载,传给路基,并引导机车车辆按一定方向运行。

(2)轨道工程内容

轨道工程主要包括钢轨、轨枕、联结零件、道床、道岔和防爬设备等铺设工程。

①钢轨。钢轨是铁路轨道的主要组成部件,它的作用在于引导机车车辆的运行方向,承受车轮的巨大压力并传递到轨枕上。钢轨必须为车轮提供连续、平顺和阻力最小的滚动表面,在电气化铁道或自动闭塞区段,钢轨还可兼作轨道电路。

钢轨的类型以每米长度的大致质量(kg/m)表示。目前,我国铁路的钢轨类型主要有75kg/m、60kg/m、50kg/m 及 43kg/m。新建、改建铁路正线应采用60kg/m 钢轨的跨区间无缝线路,重载运煤专线可采用75kg/m 钢轨轨道结构。

钢轨标准长度为12.5m 和25m 两种,对于75kg/m 钢轨只有25m 一种。为了使列车运行平稳,旅客舒适,延长线路设备和机车车辆的使用寿命,减少线路养护维修工作量,现在广泛采用无缝线路施工技术。所谓无缝线路,就是把不钻孔、不淬火的25m 长钢轨,在基地工厂用气压焊或接触焊的办法,焊成200m 到500m 的长轨,然后运到铺轨地点,再焊接成1000m ~ 2000m 的长度,铺到线路上,就成为一段无缝线路。无缝线路是铁路轨道现代化的重要内容,经济效益显著。据有关部门方面统计,与普通线路相比,无缝线路至少能节省15%的常规维修费用,延长25%的钢轨使用寿命。此外,无缝线路还具有减少行车阻力、降低行车振动及噪声等优点。

②轨枕。轨枕铺设在道床和钢轨之间,用以承受从钢轨传来的力和振动,并传给道床,同时保持钢轨轨距和方向,这种轨道部件称为轨枕。每千米铁路线路上铺设的轨枕数,是根据线路上的机车车辆运行速度和运输量等因素确定的。机车车辆运行速度高和运输量大的线路铺设轨枕数多。我国铁路在直线线路上每千米一般铺设轨枕1840 根、1760 根或 1600 根。轨枕按材料性质分为木枕、混凝土枕和钢枕三种。我国普通轨枕长度为2.5m,道岔用的岔枕和钢桥上用的桥枕,其长度为2.6 ~ 4.85m。

近年来,轨枕板得到广泛应用。轨枕板与普通轨枕一样长,宽度却大一倍。密铺时,相邻板块之间的缝隙只有约18mm,几乎把道床顶面全部覆盖住。使用轨枕板可以防脏,是一种少维修的线路结构。

③联结零件。联结零件分中间联结零件和接头联结零件两种。

中间联结零件是钢轨与轨枕的扣件,包括普通道钉、螺纹道钉、刚性或弹性扣铁、垫板、垫层等。中间联结零件具有足够的强度和耐久性,并具有一定的弹性,能保持钢轨和轨枕的可靠联结和相对固定的位置,并能减缓线路残余变形积累速度。中间联结零件本身应构造简单,以便于装配、卸除和调整轨道的轨距及水平等。

接头联结零件是联结两根钢轨的零件,主要有夹板、螺栓和弹簧垫圈。夹板又称鱼尾板,因最早设计制作的夹板截面形状如鱼尾而得名。板上一般有 4 个或 6 个螺栓孔。螺栓用以联结夹板和钢轨,螺栓拧紧后,可把两个轨端夹紧,使接头处钢轨能承受车轮的作用力。弹簧垫圈是用于增加螺母和螺栓螺纹间的压力,防止螺栓帽因列车通过时引起振动而松退的零件。

④道床。道床是用碎石、卵石或砂等道砟材料组成的轨道基础,用以将轨枕的荷载均匀地传布到路基上,以及防止轨枕的纵向和横向移动;同时,为轨道提供良好的排水、通风条件,以保持轨道干燥,使轨道具有足够的弹性。

道床材料一般用坚韧的玄武岩或花岗岩碎石,有的也用石灰岩碎石,但不如前两者好。碎石有不同的形状和大小,才能互相挤紧,防止松动。我国铁路道床所用碎石粒径有三种规格:20~70mm 的用于新建道床和道床的大修及维修,15~40mm 的用于道床维修,3~20mm 的用于道床垫砟起道。道床材料也常用规定级配的筛选卵石、天然卵石、矿渣或砂子等,但这些材料修筑的道床质量较差。粗砂、中砂一般仅作垫床之用。垫床一般只在繁忙干线的碎石道床和路基面之间铺设。

道床的厚度和宽度是根据铁路等级确定的,我国铁路规定道床厚度为 25~50cm。道床可以是单层的或双层的,铁路正线上一般采用双层道床,下面的一层称非垫层,可以防止翻浆冒泥,其厚度一般不小于 20cm。不易风化的砂石路基,可以不铺垫层。道床顶面的宽度取决于轨枕长度。我国铁路在使用混凝土轨枕的线路上规定道床宽度为 3.1m。碎石道床的边坡为 1∶1.75。

现在普遍采用整体道床施工技术。整体道床就是用某些胶合材料(如沥青砂浆、快硬水泥砂浆、某些黏性聚合物等)和碎石道砟浇灌在一起,形成整体化道床。整体道床使道床的下沉量比普通道床减小约 90%,而且可使线路的纵向、横向阻力增加约 0.7~4 倍,排水性能也大大得到改善,具有防脏、防冻、不长草的特点,颇受国内外铁路工程界的青睐。

⑤道岔。道岔是连接两股相邻轨道的专用设备,主要由转辙器、辙叉和连接轨道组成。道岔的作用是为机车车辆由一股轨道转入另一股轨道提供通道。

⑥防爬设备。列车车轮滚动和纵向滑动,以及列车制动等产生的纵向力,能使整个轨道或钢轨纵向移动。为了防止轨道或钢轨的纵向移动,除了利用扣件能产生纵向阻力外,还需装设防爬器,以增加扣件的纵向阻力。防爬器有弹簧式和穿梢式等形式。轨距杆是装设在铁路曲线区段,用以保持轨距的零件。

2)铁道信号工程

(1)铁道信号

铁道信号是一种控制列车运行间隔、保证列车运行的技术手段。

铁路信号按其作用可分为指挥列车运行的行车信号和指挥调车作业的调车信号;按信号设置的处所可分为车站信号、区间信号,以及行车指挥和列车运行自动化等;按信号显示制式可分为选路制信号和速差制信号;按结构可分为臂板信号、色灯信号以及机车信号机。铁路信号装备是组织指挥列车运行,保证行车安全,提高运输效率,传递行车信息,改善行车人员劳动

(2) 铁道信号工程内容

铁道信号工程主要包括信号机、信号标志、信号表示器等安装工程。

①信号机。信号机其原始形式是手灯、手旗、明火、声笛等。现代信号机主要有进、出站信号机,通过信号机,进路信号机,驼峰信号机,驼峰辅助信号机,接近信号机,遮断信号机,调车信号机,防护信号机,减速信号机和停车信号机等,以及其他复示信号机等辅助性信号机。

②信号标志。信号标志主要有:预告标、站界标、警冲标、鸣笛标、作业标、减速地点标及机车停止位置标等。

③信号表示器。信号表示器的作用是补充说明信号的意义,主要有:发车表示器、发车线路表示器、进路表示器、调车表示器、道岔表示器等。

(3) 信号设备

铁路信号设备,包括继电器、信号机、轨道电路、转辙机等构成铁路信号系统的基础,它们的质量和可靠性直接影响信号系统的性能。传统的信号控制系统由继电器、信号机、轨道电路、转辙机及一些连接电缆箱合组成,我国自主研发的6502电气集中联锁是传统信号系统最为典型的。

3) 公路路面工程

(1) 公路路面

公路路面是支承在路基之上的各个结构层的总称。路面不但要承受车轮荷载的作用,而且要受到自然环境因素的影响。由于行车荷载和大气因素对路面的影响作用,一般随深度而逐渐减弱,因而路面通常是多层结构,将品质好的材料铺设在应力较大的上层,品质较差的材料铺设在应力较小的下层,从而形成了路基之上采用不同规格和要求的材料,分别铺设垫层、基层和面层的路面结构形式。

(2) 公路路面工程内容

公路路面工程主要包括基层(底基层)、垫层、面层等建设工程。

①基层(底基层)工程。路面基层(底基层)可分为无机结合料稳定类和粒料类。

无机结合料稳定类基层(底基层)料主要是水泥和石灰,在前期具有柔性路面的力学特性,当环境适宜时,其强度和刚度会随着时间的推移而不断增大,但其最终抗弯拉强度和弹性模量,还是远较刚性基层低,因此把这类基层称为半刚性基层。在我国,半刚性材料已广泛用于修建高等级公路路面基层或底基层。半刚性基层材料的显著特点是整体性强、承载力高、刚度大、水稳性好而且较经济。

目前广泛应用的粒料类基层有级配碎石、级配砾石、填隙碎石三种。

②垫层工程。垫层是路面结构的重要组成部分,起着连接路基和路面、隔水及传递路面荷载的作用。路面垫层通常使用的材料为无机结合料的级配碎(砾)石等。对路面垫层的质量,在设计规范中要求含泥量小于5%。一般在具体施工中,参照级配碎(砾)石底基层来执行。

但是,这种垫层对材料及施工的要求与级配碎(砾)石底基层并不完全相同,因为它只是满足规范中对级配碎(砾)石底基层的要求,并不能满足垫层的质量要求。

③面层工程。目前公路面层主要包括沥青面层和水泥混凝土面层。

a. 沥青路面施工。沥青路面是用沥青材料作结合料黏结矿料或混合料修筑面层与各类基层和垫层所组成的路面结构。

沥青路面具有平整、无接缝、行车舒适、耐磨、噪声低、施工期短、养护维修简便、适宜于分期修建等优点,因此得到广泛应用。在我国,高等级公路路面面层的最常见类型是沥青混凝土和沥青碎石。

b. 水泥混凝土路面施工。水泥混凝土路面,包括素混凝土、钢筋混凝土、连续配筋混凝土、预应力混凝土、装配式混凝土、钢纤维混凝土、碾压混凝土和混凝土小块铺砌等面层板和基(垫)层所组成的路面。水泥混凝土路面具有强度高、水稳定性好、耐久性好、养护费用少、经济效益高、夜间能见度好等优点,近年来在高等级、重交通的道路上有较大的发展。目前采用最广泛的是就地浇筑的素混凝土路面,简称混凝土路面。

1.5 工程项目管理简介

1.5.1 建设工程项目管理

建设工程项目管理,是指从事工程项目管理的企业(以下简称项目管理企业),受工程项目业主方委托,对工程建设全过程或分阶段进行专业化管理和服务活动。

1)企业资质

项目管理企业应当具有工程勘察、设计、施工、监理、造价咨询、招标代理等一项或多项资质。

工程勘察、设计、施工、监理、造价咨询、招标代理等企业可以在本企业资质以外申请其他资质。企业申请资质时,其原有工程业绩、技术人员、管理人员、注册资金和办公场所等资质条件可合并考核。

2)执业资格

从事工程项目管理的专业技术人员,应当具有城市规划师、建筑师、工程师、建造师、监理工程师、造价工程师等一项或者多项执业资格。

取得城市规划师、建筑师、工程师、建造师、监理工程师、造价工程师等其中一项执业资格的专业技术人员,可在工程勘察、设计、施工、监理、造价咨询、招标代理等任何一家企业申请注册并执业。

取得上述多项执业资格的专业技术人员,可以在同一企业分别注册并执业。

3)服务范围

项目管理企业应当改善组织结构,建立项目管理体系,充实项目管理专业人员,按照现行有关企业资质管理规定,在其资质等级许可的范围内开展工程项目管理业务。

4）服务内容

（1）协助业主方进行项目前期策划,经济分析、专项评估与投资确定。

（2）协助业主方办理土地征用、规划许可等有关手续。

（3）协助业主方提出工程设计要求、组织评审工程设计方案、组织工程勘察设计招标、签订勘察设计合同并监督实施,组织设计单位进行工程设计优化、技术经济方案比选并进行投资控制。

（4）协助业主方组织工程监理、施工、设备材料采购招标。

（5）协助业主方与工程项目总承包企业或施工企业及建筑材料、设备、构配件供应等企业签订合同并监督实施。

（6）协助业主方提出工程实施用款计划,进行工程竣工结算和工程决算,处理工程索赔,组织竣工验收,向业主方移交竣工档案资料。

（7）生产试运行及工程保修期管理,组织项目后评估。

（8）项目管理合同约定的其他工作。

5）委托方式

工程项目业主方可以通过招标或委托等方式选择项目管理企业,并与选定的项目管理企业以书面形式签订委托项目管理合同。合同中应当明确履约期限,工作范围,双方的权利、义务和责任,项目管理酬金及支付方式,合同争议的解决办法等。

工程勘察、设计、监理等企业同时承担同一工程项目管理和其资质范围内的工程勘察、设计、监理业务时,依法应当招标投标的应当通过招标投标方式确定。

施工企业不得在同一工程从事项目管理和工程承包业务。

6）管理机构

项目管理企业应当根据委托项目管理合同约定,选派具有相应执业资格的专业人员担任项目经理,组建项目管理机构,建立与管理业务相适应的管理体系,配备满足工程项目管理需要的专业技术管理人员,制订各专业项目管理人员的岗位职责,履行委托项目管理合同。

工程项目管理实行项目经理责任制。项目经理不得同时在两个及以上工程项目中从事项目管理工作。

7）联合投标

两个及以上项目管理企业可以组成联合体以一个投标人身份共同投标。联合体中标的,联合体各方应当共同与业主方签订委托项目管理合同,对委托项目管理合同的履行承担连带责任。联合体各方应签订联合体协议,明确各方权利、义务和责任,并确定一方作为联合体的主要责任方,项目经理由主要责任方选派。

8）合作管理

项目管理企业经业主方同意,可以与其他项目管理企业合作,并与合作方签订合作协议,明确各方权利、义务和责任。合作各方对委托项目管理合同的履行承担连带责任。

9）服务收费

工程项目管理服务收费，应当根据受委托工程项目规模、范围、内容、深度和复杂程度等，由业主方与项目管理企业在委托项目管理合同中约定。

工程项目管理服务收费，应在工程概算中列支。

10）执业原则

在履行委托项目管理合同时，项目管理企业及其人员应当遵守国家现行的法律法规、工程建设程序，执行工程建设强制性标准，遵守职业道德，公平、科学、诚信地开展项目管理工作。

11）奖励

业主方应当对项目管理企业提出并落实的合理化建议按照相应节省投资额的一定比例给予奖励。奖励比例由业主方与项目管理企业在合同中约定。

12）禁止行为

（1）项目管理企业不得有下列行为：

①与受委托工程项目的施工以及建筑材料、构配件和设备供应企业，有隶属关系或者其他利害关系。

②在受委托工程项目中同时承担工程施工业务。

③将其承接的业务全部转让给他人，或者将其承接的业务肢解以后分别转让给他人。

④以任何形式允许其他单位和个人以本企业名义承接工程项目管理业务。

⑤与有关单位串通，损害业主方利益，降低工程质量。

（2）项目管理人员不得有下列行为：

①取得一项或多项执业资格的专业技术人员，不得同时在两个及以上企业注册并执业。

②收受贿赂、索取回扣或者其他好处。

③明示或者暗示有关单位违反法律法规或工程建设强制性标准，降低工程质量。

13）监督管理

国务院有关专业部门、省级政府建设行政主管部门，应当加强对项目管理企业及其人员市场行为的监督管理，建立项目管理企业及其人员的信用评价体系，对违法违规等不良行为进行处罚。

14）行业指导

各行业协会，应当积极开展工程项目管理业务培训，培养工程项目管理专业人才，制订工程项目管理标准、行为规则，指导和规范建设工程项目管理活动，加强行业自律，推动建设工程项目管理业务健康发展。

1.5.2 施工企业工程项目承包

施工企业项目承包是施工企业依照工程项目招标承包制度的要求，围绕工程承包合同任务的全面实施而采用的企业内部的一种管理模式。

1）项目承包基本常识

(1) 项目承包主体

项目承包主体是施工企业和项目经理部,他们的代表分别是企业决策层和项目经理。

(2) 项目承包对象

项目承包对象是工程项目。

(3) 项目承包内容

项目承包内容是针对工程项目达成的企业和项目经理部双向统一的责、权、利关系。

(4) 项目承包承诺形式

项目承包承诺形式是企业经理与项目经理签订的项目经济责任承包书。承诺形式的约束力是企业规章制度。

(5) 项目承包特点

① 项目承包是施工企业作为经营者与下属管理单位之间的经济责任关系。

② 项目是企业下属的管理单位,它不是经营主体,没有自身独立的利益,只是相对独立的临时利益集体,在管理上从属企业。

③ 项目承包只承担有关的项目管理责任,不承担非授权范围的管理责任。

(6) 项目承包程序

① 委任项目经理。项目经理作为企业在工程项目上的代理人,一般是在工程承包合同签订后立即确定的。

② 组建项目经理部。除项目经理外,项目经理部还要配备副经理、总工或技术负责人、党组织负责人、工会组织负责人,这些人员构成了项目领导层。其人选一般由企业与项目经理商定。另外,还要明确项目专业人员及负责人,从而构成完整的项目管理层。

③ 测定项目承包基数或上交比例。企业和项目经理部的职责与权力,承包的其他指标和奖罚措施,编制"项目承包责任书",由项目经理与企业经理签订。

④ 企业履行对项目的职责与义务。

⑤ 企业对项目经理部实施监督、管理与考核。

⑥ 企业在工程竣工后对项目经理部经过审计,进行承包兑现的奖励或处罚。

⑦ 解散项目经理部,回收物资和财产。

2) 项目经理部

项目经理部是指在项目经理领导下的项目管理层,其职能是对施工项目实行全过程的综合管理。项目经理部的机构设置和人员配备必须根据项目任务的具体情况而定,一般应包括如图 1-11 所示几个部门。

各部门具体职责说明如下:

(1) 经营部门

经营部门负责处理合同预算、工程变更、工程分包及与业主、监理、设计单位的关系。

(2) 施工生产部门

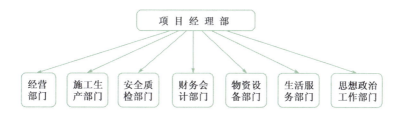

图 1-11 项目经理部机构设置

施工生产部门负责施工的现场管理、生产调度及施工技术统计工作。

(3) 安全质检部门

安全质检部门负责施工项目安全质量检查、监督和控制工作。

(4) 财务会计部门

财务会计部门负责项目的财务、会计、成本管理及项目内部的各种核算。

(5) 物资设备部门

物资设备部门负责项目所需的材料、机械设备的供应管理工作。

(6) 生活服务部门

生活服务部门负责施工项目的治安保卫、生活保障及后勤管理工作。

(7) 思想政治工作部门

思想政治工作部门负责施工项目内部的党团工作、民主管理、干部考核和政治思想教育工作。

在上述部门之上,项目经理可根据需要配备几名项目副经理或项目总工程师、经济师、会计师。

不同规模的施工项目,上述各部门的具体划分和人员配备差别较大。大型施工项目经理部可能有百余人,小型项目经理部可能只有几十人或十几人,甚至上述几个部门可能合并为一个部门。

3) 项目经理职责

(1) 实现承包项目目标,保证业主满意

这一项基本职责是检查和衡量项目经理管理成败、水平高低的基本标志。

(2) 制订项目阶段性目标和项目总体控制计划

项目总目标一经确定,项目经理的职责之一就是将总目标分解,划分出主要工作内容和工作量,确定项目阶段性目标的实现标志,如形象进度控制点等。

(3) 组织精干的项目管理班子

这是项目经理管好项目的基本条件,也是项目成功的组织保证。

(4) 实施好决策权力

项目经理需亲自决策的问题包括:实施方案、人事任免奖惩、重大技术措施、设备采购方案、资源调配、进度计划安排、合同及设计变更、索赔等。

(5)履行合同义务,监督合同执行,处理合同变更

项目经理以合同当事人的身份,运用合同的法律约束手段,把项目各方统一到项目目标和合同条款上来。

总之,项目经理是项目控制的中心、项目计划的制订和执行监督人、项目组织的指挥员、项目协调工作的纽带、合同履约的负责人。

1.5.3　项目管理

1)项目

作为管理对象的项目,是指某种一次性的任务。它具有一个明确的目标,包括数量、功能和质量标准;要求项目执行者按照限定的时间和财务预算完成项目所规定的目标。项目具有如下特征:

(1)项目的一次性

项目的一次性也可称为单件性,这是项目最主的要特征。也就是说,没有与此项目完全相同的另一项任务。只有认识项目的一次性,才能有针对性地根据项目的特殊情况和要求进行管理。

(2)项目目标的明确性

项目的目标有成果性目标和约束性目标。成果性目标是项目的功能性要求,如一条公路的设计车速、通行能力及其技术指标。约束性目标是指限制条件,如施工工期、承包单价或总价、质量要求等方面的限制条件。

(3)项目作为管理对象的整体性

一个项目,是一个整体管理对象,在按其需要配置生产要素时,必须以总体效益的提高为标准,做到数量、质量、结构的总体优化。由于内外环境是变化的,所以管理和生产要素的配置是动态的。

每个项目都必须具备以上3个特征,缺一不可。重复的、大批量的生产活动及其成果不能称作"项目"。按照项目的最终成果分,项目的种类有科研开发项目、基本建设项目、航天项目及大型维修项目等。

2)项目管理

项目管理是为使项目取得成功(实现所要求的质量、所规定的时限和费用)所进行的全过程、全方位的规划、组织、控制与协调。因此,项目管理的对象是项目。项目管理的职能同所有管理的职能是相同的。需要特别指出的是,由于项目的一次性,项目只能成功,不许失败,要求项目管理的程序性、全面性和科学性,要运用系统工程的观念、理论和方法进行管理。管理学的一般原理在项目管理中也是适用的,项目管理的目标就是项目的目标。

项目管理与其他管理活动相比具有以下显著特征:

(1)项目管理实行的是项目经理个人全面负责制。这个特征主要是由项目的系统性决定的。集体领导委员会制不能全面、正确反映项目客观规律的要求。

(2)项目管理对象是一次性的。项目管理组织是临时的。按项目的生产任务设置项目管理机构,组建生产队伍;项目完成后,其组织机构随之撤销。

(3)项目经理是项目管理的核心。在项目实施过程中,要建立以项目经理部或承包班子为主要组织管理形式的生产管理系统,实行项目经理负责制;项目管理要求实行企业内部承包制,用以确立项目承包者与企业、职工之间的责、权、效、利的关系;企业总经理一般要授予项目经理较大的权力,以便处理项目同社会各方面的关系。

3)项目管理的基本职能

项目管理的基本职能,如图 1-12 所示。

各职能的作用说明如下:

(1)计划职能作用

计划是对未来活动的一种事前安排。它包括确定未来活动的目标和方向,行动的程序和工作步骤,有效的执行方法,完成的时间,人、财、物、资源的合理分配和组织等。计划的要求在于把握未来的发展,有效地利用现有资源,以获得最大的经济效益。

图 1-12 项目管理基本职能

(2)组织职能作用

组织是把生产的各要素、各个环节和各个方面,从劳动分工和协作上,从生产过程的空间和时间的相互联结上,科学地组织成一个有机的整体,从而最大限度地发挥它们的作用。组织职能所要解决的问题主要包括:确定科学的管理组织,建立合理的生产结构,正确配备人员以及规定他们之间的相互关系,使组织机构得以协调运转。

(3)控制职能作用

控制分事前控制与事后控制,其工作内容主要包括检查、监督、调节等工作内容,其目的是使管理活动符合预定的计划目标。控制的过程就是把管理活动及其实际成果与计划加以比较,发现差异,找出问题,查明原因,及时采取措施加以解决,并防止其再度发生,必要时也可调整原定的计划目标。

上述计划—组织—控制职能是有序地循环的。它们环环相扣、无限循环(至少在项目实施过程中循环),促使管理工作向更高水平发展。这种循环,也反映了管理工作的运动状态和管理工作的规律。按照这一规律执行,管理工作不是愈做愈死,而是愈做愈活。因此,项目实施中的一切管理工作都应遵循这一规律,建立正常的管理秩序和完善的管理工作体系。

(4)激励职能作用

激励就是要在政治思想教育的前提下,做好职工的精神激励和物质激励,以充分发挥职工的积极性和创造性。

1.5.4 工程项目管理

1)工程项目管理的任务

工程项目管理的目标是在确保承包合同规定的工期和质量要求的前提下,降低工程成本。其基本任务在于:合理组织项目的施工过程,充分利用人力,有效使用时间和空间,保证综合协调施工,按期、保质并以较低的工程成本完成工程任务。然而质量、工期、成本三者不是彼此孤立的,项目管理的基本任务在于求得三大目标的和谐统一。

2) 工程项目管理的内容

项目管理的目标界定了其内容,即进度控制、质量控制、费用控制、合同管理、信息管理和组织协调,以及与上述"三控制"相适应的配套管理工作(如物资、设备、技术、劳务等方面的管理工作)。工程项目管理是以工程项目为研究对象,按项目组织管理机构,对工程项目实施管理,项目完成后,其管理机构随之撤销的一种管理办法。

对于工程项目实施阶段的管理,从实施管理的参与者来分,主要有业主的项目管理、监理方的项目管理和施工单位的项目管理。对于同一工程项目,各方的管理任务和管理目标是不同的,同时各方之间需要建立起相互制约、相互协作的关系,这种关系是通过经济合同的形式来体现的。

工程项目施工管理的工作内容主要包括如图 1-13 所示的几个方面。

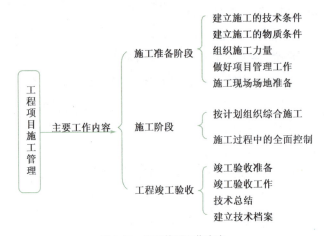

图 1-13　施工管理工作内容

具体说明如下:

(1) 施工准备阶段

施工准备阶段是项目施工生产的首要环节,其基本任务是为工程的正式展开和顺利施工创造必要的条件。其主要工作有:

①建立施工的技术条件,主要包括:

a. 编制施工组织设计;

b. 编制施工预算;

c. 编制作业计划;

d. 下达责任书,签订承包及分包合同。

②建立施工的物质条件,主要包括:

a. 组织材料订货、加工、运输和进场;

b. 施工机械设备的进场、安装和调试;

c. 设置施工临时设施。

③组织施工力量,主要包括:

a. 组建施工队伍,成立项目管理机构;

b. 组织特殊工种、新技术工种的技术培训;

c. 落实协作配合条件,组织专业施工班组,签订专业分包合同;

d. 对临时工的教育和培训。

④做好项目管理的基础工作,主要包括:

a. 建立以责任制为核心的规章制度:岗位责任制,如人人有基本职责,有明确的考核标准,有明确的办事细则;经济管理规章制度,如内外合同制度、考勤制度、奖惩制度、领用料制度、仓库保管制度、内部计价及核算制度、财务制度等。

b. 标准化工作:技术标准,技术规程,管理标准的制订、执行和管理工作。

c. 制订各类技术经济定额:根据项目管理的实际情况,制订出反映项目水平的消耗定额、状态定额和效率定额。

d. 计量工作:计量审定、测试、化验分析等方面的计量技术和计量手段的管理工作。

⑤施工现场的场地准备。根据施工组织设计及施工平面图布置的要求,进行施工场地准备及工作面的准备工作。工程施工对象的性质、规模不同,施工准备工作的内容和组成也不尽相同。然而施工准备工作的基本内容主要有两个方面:一是编制施工组织设计,抓规划;二是在施工组织设计指导下,抓施工条件的落实。

(2) 施工阶段

施工阶段管理工作的主要内容包括:一是按计划组织综合施工;二是对施工过程进行全面控制。

①按计划组织综合施工。

所谓综合施工,就是按不同工种,配合不同机械设备,使用不同材料的工人班组,在不同的地点和工程部位按照预定的顺序和时间协调地从事施工作业。

施工的综合性,要求施工过程组织具有严密性。而施工组织的严密性,则要靠周密的计划来保证。必须做到以下几点:

a. 提高计划的科学性,为此要求:计划顺序符合施工工艺要求;计划采用的定额水平合理,即反映企业整体水平(平均先进水平)的定额;对计划要进行综合平衡。

b. 实现整个项目、单位工程和作业班组经营承包责任制。要求项目经理、单位工程负责人有较强的组织能力和协调能力,从而可以弥补计划和管理上的不足。

c. 保证现场需要,做好后勤供应。企业的后勤部门要为工程项目施工服务,并按计划规定的时间和数量供应所需的材料、设备、技术资料。

②施工过程中的全面控制。

a. 工程进度控制。其目的在于按合理工期组织施工,保证按合同规定的工期交工。工程进度控制,就是要经常掌握工程的进展情况,及早发现计划与实际脱节现象,并采取相应改进措施。

b. 工程质量控制。施工过程的质量控制,从工作深度上讲,要把单纯事后检验的质量管理方式,转变为既检验又预防的管理方式,进而转变为控制与提高的全面质量管理方式;从广义上讲,也就是对工程产品质量形成的全过程进行质量控制。

c. 工程成本控制。工程成本控制包括事前控制、事中控制和计量工作三个方面。事前控制就是要做到"算了再干",主要工作有成本预测和成本计划的编制;事中控制即注意施工各阶段的节约,并采取一定的技术措施降低工程成本。

d. 安全控制。建立安全教育制度;制订安全技术措施;制订安全操作规程,如安全保护设施的设计与设置、施工过程中的安全检查和安全监督、安全事故的处理和分析;建立安全值班制等。

e. 施工总平面图管理(总图管理)。

(3)工程竣工验收

①竣工验收准备。竣工验收准备有竣工测量、竣工文件和初验报告。

初验报告内容:初验工作的组织情况,工程概况及竣工工程数量,单项工程检查情况和工程质量情况,检查中发现的重大质量问题及处理意见,遗留问题的处理意见和提交竣工验收时讨论的问题。

②竣工验收工作。

③技术总结。

④建立技术档案。

3)铁路、公路工程项目管理的特点

(1)铁路、公路施工企业生产经营的特点

①生产计划的依附性。铁路、公路施工企业以提供铁路、公路建筑产品的方式来满足铁路、公路运输的发展需要。这种需要和市场上对其他产品的需求不同。铁路、公路建筑产品的生产在总体上是根据国民经济和社会发展计划的需要,为实现国家的长远规划和铁路网建设安排进行的。铁路、公路施工企业必须认真执行基本建设投资计划或中标协议,严格按国家基本建设程序组织施工生产。因此,铁路、公路施工企业生产计划的依附性很强。国家对铁路基建投资的扩大或缩小,直接影响铁路施工企业生产任务的饱满或不足。实行招投标制度以后,相关施工企业主动出击,打破行业框架,适应市场,基本摆脱了生产计划的依附性。

②生产经营的综合性。一般来说,铁路、公路施工企业大都规模大,专业多,技术队伍强

大,机械设备多,占用资金多,原材料消耗大,作业内容复杂,标准化程度高,职业性强,建筑产品庞大。一条铁路或公路线路的建筑物,是多项单件工程的组合,包括路基、桥梁、隧道、给排水、房屋建筑、通信、信号、电力、机械等设备的安装。生产周期长,一项工程从开工到运营,要经过若干阶段和步骤,花费大量的人力、物力、财力和时间,并要层层检查、验收、把关,才能形成其运输生产能力。

铁路、公路施工企业无论是综合性的或是专业性的管理机构,其综合性的工程局(工程公司)和专业性工程局(工程公司),只是在任务分工、技术力量、机械设备等的侧重点上有所区别,其综合性特点基本一致。

③生产对象和条件的非固定性。铁路施工企业的生产对象属于契约型产品,是按照国民经济和社会发展的需要,按照铁路网建设布局的安排而确定的。它不同于一般工业产品,在一定时期内可以成批生产,表现在以下几个方面:

a. 产品一般具有不可比性。在不同的时期内,有不同的任务,不同的投资,不同的规模,投入的人力、物力和财力也不同。

b. 由于接受的任务不同,施工所处的地区、环境复杂多变。施工企业生产的对象往往受到地形、地质、气候等自然条件制约,作业艰难,条件艰苦。而且施工工程的战线拉得长,区域面广,长则几十公里、几百公里,短则几公里,涉及城镇乡村、山区平原,哪里需要就到哪里施工。

c. 施工队伍流动性大。由于工程分布在沿线,各类单件工程之间的施工程序要有机的配合,互相制约,一环扣着一环。因此,合理的组织施工,科学的调配劳动力是个重要的问题。特别是重点工序或控制性单件工程,要集中人力、物力攻关,使工程进度平衡,整个工程期限不受延误。

d. 施工企业生产、生活条件艰苦。施工企业在生产任务决定下,生产条件和生活条件是不可选择的。施工队伍是一支不怕苦、不怕累、不怕脏、不怕险的英勇善战的队伍,不畏严寒酷暑,地下空中、险恶地形或地质,始终坚守岗位,并能严格执行施工规范标准作业,一丝不苟,确保质量。

④工程施工的标准性。铁路、公路施工企业承担路基、桥梁、隧道、轨道以及房屋建筑、通信、信号、电力装备安装等工程任务,不是千篇一律,在一个标准上设计、施工的。工程施工的标准,主要根据沿途范围内客货运量的大小,以及采用的牵引动力等综合决策。施工企业在接受任务的同时,必须明确工程项目的施工标准,据以组织安排一系列施工准备工作。施工企业的作业标准,必须遵照施工有关规程,按照一系列设计文件所确定的标准施工,同时明确和清楚上级或业主所决定的原则、目的、要求和整个工程的进度、工期等具体规定。

⑤既有线改造工程施工的特殊性。既有线改造工程属于特殊工程,它不仅有新线建设工程的一般要求,而且工程施工有其特有的困难,不能较大地干扰正常运输秩序,影响运输生产能力,施工条件受限制,难以集中人力和物力等。因此既有线改造工程应做到:

a. 施工组织要按运输的需要和可能安排,无论运料车辆的运行和运料车辆区间的装卸等,均应统筹规划,合理安排,按照计划实行,既不干扰运输,也不影响施工作业进度。

b. 工程施工受到行车的干扰较多,施工单位应与运输单位有关部门共同协调,互相配合,互相支持,确保运输和施工作业安全。

c. 为了提高运输能力,一般应安排运输能力紧张的区间与站场优先施工,先难后易,分段施工,力争一次交付使用,迅速见效。

(2)铁路、公路施工项目管理的特点

①施工项目的一次性。铁路、公路工程项目是一次性的,而不是工厂式的重复生产,施工企业应当以工程项目为对象组织生产。

②组织机构的临时性。随工程项目的确定而产生,随工程项目的完成而撤销。管理组织机构的设置,要求最大限度地使企业各生产要素在施工现场上得到最佳的动态组合。

③以项目经理为管理核心。企业要建立以项目经理或承包班组为主要组织管理形式的生产经营管理系统,实行项目经理负责制。

④经济核算的对象性。企业要建立以工程项目为对象的经济核算体系,以体现工程项目的责、权、效、利关系。

⑤精兵强将上前线。为适应项目管理的需要,企业要强调精兵强将上前线,同时建立多功能相对稳定的劳务管理后方基地,发展多种经营,以便转移,安置富余人员。

为适应施工管理的要求,企业应当建立内部市场机制,把社会市场的公平竞争、买卖关系、经济杠杆、优胜劣汰等机制引进企业内部管理中,为进一步推行施工项目管理创造条件。

综上所述,采用项目法施工要求做到:一是施工生产人员不拖家带口到现场;二是动态投入生产要素;三是按管理与劳务两个层次组织施工。

单元小结

本单元着重介绍了铁路及公路工程施工组织的任务,铁路及公路建设工程建设程序、建设资金、施工程序、建设内容的构成,铁路及公路施工组织调查,工程项目管理等内容。

通过本单元的学习,结合施工企业中职层面毕业生的岗位设置和职业标准,使学生了解铁路及公路建设的内容、施工组织调查,重点掌握铁路及公路建设程序、建设资金的构成、施工程序和施工企业工程项目承包。

阅读材料

生态化的施工组织设计——青藏铁路

青藏铁路(图1-14)建设中,环保投资达15.4亿元,占工程总投资的4.6%,大大高出目前国家规定的大型工程环保投入应达到3%的标准。

青藏铁路从立项开始,就对沿线自然保护区、生物多样性和多年冻土环境状况进行了8次大规模现场调研、踏勘和采样。用获得的试验成果指导青藏铁路建设的环保设计和施工,在攻克"生态脆弱"难题中起到了重要作用。

青藏铁路的设计线路,充分考虑了环境保护、野生动物迁徙等因素。设计中对穿过可可西里等自然保护区的线路区段进行了多方案比选,采用了对保护区扰动最小、对自然景观影响最小的线位;在西藏自治区境内,避开了神湖纳木错湖及其保护区;为保护林周彭波黑颈鹤自然保护区,选择了绕避黑颈鹤栖息地林周改经由羊八井通过,延长线路30km,为此增加投资3个亿。在野生动物活动地段设置通道33处,其中缓坡通道13处,桥梁通道18处,隧道上方通道2处,以保障沿线野生动物迁徙活动不受影响。进入到具体施工过程后,根据实际需要,进一步强化和扩大了这种力度。例如,为稳定冻土层和便于野生动物的穿行,在原设计量的基础上,新增修了大量的桥梁和隧道。2003年8月,国家青藏铁路建设领导小组对青藏铁路设计方案进行了部分调整,并将以桥代路工程从原设计的70多公里增加到150多公里,增加以桥代路的目的之一,是为了保证野生动物迁徙路线不受影响。

[保护"天湖"] 海拔4650m的错那湖(图1-15),地处西藏安多色林错自然保护区,是当地藏族群众心中的"天湖"。青藏铁路与它贴身而过,最近处只有几十米。最初进行环保论证时,专家担心这可能对错那湖的环境产生影响,提出线路设计应该离得远一些。但后来的调查发现,这个地区除了错那湖周边是平原外,都是丘陵地段,如果改线避让,需要打很长的隧道,比昆仑山和羊八井的隧道还要长得多,在劳动保障、技术、设备方面难以实现。

图1-14 青藏铁路

图1-15 错那湖

改线不行,施工时就要采取更严格的保护措施。为防止施工污染湖水,青藏铁路建设者们用24万多条装满沙石的沙袋沿错那湖一侧堆码起一条长近20km的防护"长城",把"天湖"与热火朝天的施工工地隔开。

为了保护生态,建设单位在湖边施工的工地全用铁网围了起来,封闭施工,爆破区周围用彩条布覆盖,防止灰尘落入草皮。在靠近错那湖的营区,投资70万元,安装了污水处理设备。在施工便道每隔1.5km设置一个垃圾箱,定期清走。

[动物通道] 为了不影响野生动物种群的栖息和繁殖,青藏铁路在设计时尽可能避开保护区,在施工中为减少噪声,避免惊扰野生动物,在沿线野生动物经常通过的地方,设置了33处野生动物通道(图1-16)。为动物建通道,这在我国铁路工程建设史上尚属首次。位于可可西里东缘的索南达杰自然保护站南面就是青藏铁路著名的清水河特大桥,这座桥的动物通道从最初设计的19个增加到了25个,尽管受气候影响,每年青藏铁路的施工时间不到6个月,但为了保护藏羚羊,筑路人员必须牺牲有效的施工时间。换来的是成千上万只迁徙藏羚羊安全、顺利地通过了青藏铁路野生动物通道。

[移植草皮] 在高原生态脆弱区域内,铁路线遵循"能避绕就避绕"的原则,施工场地、便道、沙石料场的选址都经反复踏勘确定,尽量避免破坏植被。为了恢复铁路用地上的植被,科研人员开展了高原冻土区植被恢复与再造研究,采用先进技术,使植物试种成活率达70%以上,比自然成活率高一倍多,如图1-17所示。在铁路修建过程中,施工人员在取土前就把表层的植被和表土铲除,铲除以后集中堆放、养护,取完后回铺,仅沿线

草皮移植的花费就高达2亿多元,回铺的草皮达数千万平方米。

图1-16　野生动物通道

图1-17　移植草皮

复习思考题

1-1 铁路、公路工程施工组织有哪些具体任务?
1-2 简述铁路及公路的建设程序。
1-3 如何筹集铁路、公路的建设资金?
1-4 如何编写铁路、公路施工组织调查报告?
1-5 新建一条铁路、公路,主要建设哪些项目?
1-6 简述施工企业工程项目承包。

单元2 施工过程组织原理

引子

施工过程即生产建筑产品的过程,是由一系列的施工活动组成的,是互相联系的劳动过程和自然过程的全部生产活动的总和。

施工过程的基本内容主要是劳动过程,在某些情况下,还包含自然过程,如混凝土硬化过程的养生、路面的成型等。此时,施工过程就是劳动过程和自然过程的结合,是互相联系的劳动过程和自然过程的全部生产活动的总和。

2.1 施工过程的组织原则

【背景】

根据各种劳动在性质上以及对产品所起的作用上的不同特点,可以将施工过程划分为:

①施工准备过程,是指产品在投入生产前所进行的全部生产技术准备工作,如可行性研究、勘察、设计、施工准备等。

②基本施工过程,是指直接为完成产品而进行的生产活动,如挖基、砌筑基础等。

③辅助施工过程,是指为保证基本施工过程的正常进行所必需的各种辅助生产活动,如动力(电、压缩空气等)的生产、机械设备维修、材料加工等。

④施工服务过程,是指为基本施工和辅助施工服务的各种服务过程,如原材料、半成品、工具、燃料的供应与运输等,图2-1为施工过程的分类。

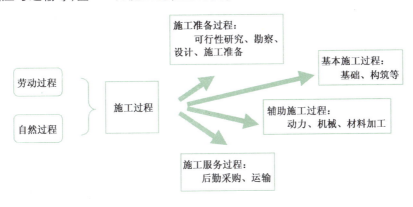

图2-1 施工过程的分类

2.1.1 施工过程的组成

组织建设工程的施工,必须研究施工过程的组成,以适应施工组织、计划、管理等工作的需要。

1) 公路工程施工过程

按照现行公路工程设计概预算文件编制办法,将公路工程划分为九个分部工程:

①临时工程。

②路基工程。

③路面工程。

④桥梁涵洞工程。

⑤交叉工程。

⑥隧道工程。

⑦公路设施与预埋管线工程。

⑧绿化及环境保护工程。

⑨管理、养护、服务、房屋。

根据上述九个分部工程进行公路工程设计概预算文件编制,对应每个分部工程再细分为若干目。例如,桥梁涵洞分部工程中,按工程性质与结构的不同,分为漫水工程、涵洞、小桥、中桥、大桥等五个目。对于独立大(中)桥工程,亦相应划分为桥头引道、基础、下部构造、上部构造、沿线设施、调治及其他工程和临时工程等七个分项工程,各分项工程再细分若干目。公路施工过程是由上述的项和目所组成。

2) 施工组织与管理工作

施工组织与管理工作按上述项目可以做总体安排,但更多情况下还要进一步划分。从施工组织的需要出发,全部施工过程原则上可依次划分为:

(1) 动作与操作

动作是指工人在劳动时一次完成的最基本的活动,若干个相互关联的动作组成操作。完成一个动作所耗用的时间和占用的空间是制定定额的重要原始资料,如路床整形、铺料、碾压等。图 2-2 为动作与操作的关系。

图 2-2 动作与操作的关系

(2) 工序

工序是指施工技术相同、在劳动组织上不可分割的施工过程,它由若干个操作所组成。从施工工艺流程看,工序在工人编制、工作地点、施工工具和材料等方面均不发生变化。如果上述因素中某个因素改变,就意味着从一道工序转入另一道工序。施工组织往往以工序为最基本对象。图 2-3 为构成工序的基本要素。

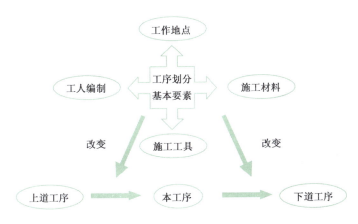

图 2-3　构成工序的基本要素

(3) 操作过程

操作过程是由几个在技术上相互关联的工序所组成,可以相对独立完成的某一种细部工程或分部分项工程,如对整个路面工程而言,包括路槽、路肩、垫层、基层、面层等操作过程。

(4) 综合过程

由若干个在产品结构上密切联系的,能最终获得一种产品的施工过程的总和称为综合过程。图 2-4 为操作过程与综合过程特征。

图 2-4　操作过程与综合过程特征

以上划分,因工程性质及施工对象的复杂程度而异,并无统一划分的规定,要以是否有利于科学地进行施工组织与管理而定。

2.1.2　施工过程的组织原则

影响施工过程组织的因素很多,如施工性质、施工生产类型、建筑产品结构、材料及半成品性质、机械设备条件、自然条件等,这些因素使施工过程的组织变化较多,困难较大,因此,科学合理地组织施工过程尤为重要。其原则可归纳为:

1) 施工过程的连续性

施工过程的连续性是指产品施工过程中的各阶段、各工序在时间上是紧密衔接的,不发生各种不合理的中断现象,表现为劳动对象始终处于被加工状态,或者在进行检验,或者处于自然过程中。保持和提高施工过程的连续性,可以缩短建设周期,减少在制品数量,节省流动资金,可以避免产品在停放等待时可能引起的损失,对提高劳动生产率,具有很大的经济意义。图 2-5 为施工过程连续性的目的。

图 2-5　施工过程连续性的目的

2)施工过程的协调性

施工过程的协调性也叫比例性,是指产品施工准备阶段各工序之间,在施工能力上要保持一定的比例关系,各施工环节的工人数、生产效率、设备数量等都必须互相协调,不发生脱节和比例失调现象。协调性是保持施工顺利进行的前提,可使施工过程中人力和设备得到充分利用,避免产品在各个施工阶段和工序之间的停顿和等待,从而缩短施工周期。施工过程的协调性在很大程度上取决于施工组织设计的正确性。

3)施工过程的均衡性

施工过程的均衡性又称节奏性,是指企业的各个施工环节都按照施工生产计划的要求,工作负荷保持相对稳定,不发生时松时紧、前松后紧等现象。均衡施工能充分利用设备和工时,避免突击赶工造成的各种损失,有利于保证施工质量、降低成本,有利于劳动力和机械的调配。图 2-6 为施工过程的均衡性。

图 2-6　施工过程均衡性

4)施工过程的经济性

施工过程组织除满足技术要求外,必须讲究经济效益。上述的连续性、协调性和均衡性,最终都要通过经济效果集中反映出来。

上述合理组织施工过程的四个方面是相互制约,互为条件的。在进行施工组织时,必须保证全面符合上述四个方面的要求,不可偏重某一方。

例如:

①特殊情况与一般情况的区别处理。

②运用先进工艺、设备与传统的方法决策。

③承担风险与回避、分散风险。

科学、合理的组织施工要综合上述四项原则,使之有机结合,最终达到确保工期、提高质量、控制成本的目的。

2.2 施工过程的时间组织

【背景】

建筑工程项目的施工过程组织,包括空间组织和时间组织两个方面的问题。本节着重介绍时间组织问题。

(1)空间组织:施工平面设计。图2-7为施工过程的空间组织。

图2-7 施工过程的空间组织

(2)时间组织:施工过程对基本作业时间顺序科学、合理地组织。主要解决工程项目的施工作业方式,以及施工作业单位的排序和衔接问题。图2-8为时间组织的目的。

图2-8 时间组织的目的

2.2.1 施工过程的时间排序问题

施工任务的排序问题属于管理科学中的动态规划。本节中将以建筑施工生产类型的时间组织为例作简要介绍。

1)简单排序法

(1)二道工序,m(多项)项任务时的施工顺序

假定工程只有二道工序,即在 m 项任务的每项任务需要完成 A 和 B 两道工序。若各项任务均应首先进行 A 工序,完成后再做 B 工序。针对 A、B 工序,总时间计算有:

$$t_A \geq \sum t_{iA} + t_{mB}$$

$$t_B \geq \sum t_{iB} + t_{1A}$$

式中：t_A——A 工序的施工总时间；

t_B——B 工序的施工总时间；

t_{ij}——第 i 项任务中完成 j 工序所需的时间。

约翰逊（S. M. Johnson）-贝尔曼（R. Bellman）法则基本思想：取 $\min\{t_{iA}、t_{iB}\}$，先行工序安排在最前施工，后行工序安排在最后施工；挑出后继续取最小值，先行工序安排在此前，后行工序安排在此后；以此类推，直到完成排序，即可得到最佳施工顺序。

§例 2-1§ 拟对相邻 5 座小桥挖基、砌筑基础施工。

已知各道工序生产周期，见表 2-1，用约翰逊-贝尔曼法则确定最短施工总工期的施工顺序。

各道工序生产周期（单位：d） 表 2-1

工序 \ 工段	1 号桥	2 号桥	3 号桥	4 号桥	5 号桥
挖基	4	4	8	6	2
砌基础	5	1	4	8	3

第一步：$\min\{t_{iA}、t_{iB}\} = t_{2B} = 1d$，为 2 号桥后续工序，即把 2 号桥放在最后施工。

第二步：去除 2 号桥，余下的 1、3、4、5 中取最小值，得 $t_{5A} = 2d$，是前工序，即 5 号桥施工最前。

依此类推：

第三步：表中 1 号桥 $t_{1A} = 4$ 为最小，是先行工序，1 号任务放在第二施工。

第四步：表中 3 号桥 $t_{3B} = 4$ 为最小，是后续工序，3 号任务放在第四施工。

第五步：4 号桥放在第三施工。

因此五座小桥的施工顺序为 5 号、1 号、4 号、3 号、2 号。

在排定施工顺序的基础上，绘制横道图，用以计算最短施工总时间为 25d。注意：若不按此原则排列施工顺序，一般不可能取得最短的施工周期，也不可能获得上述结果。

按 5 号、1 号、4 号、3 号、2 号顺序绘制施工进度图，确定总工期，如图 2-9 所示。

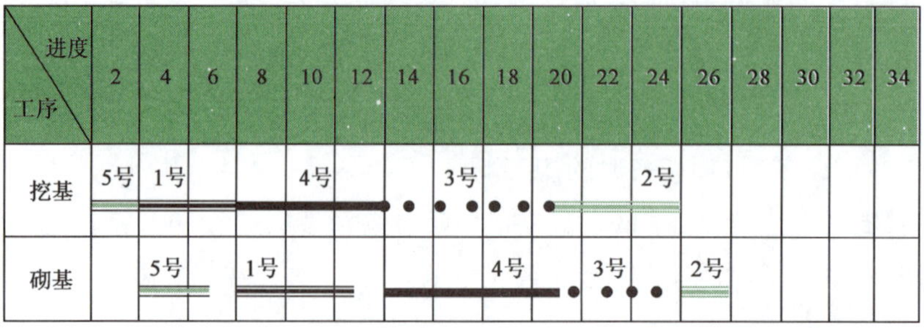

工序 \ 进度	2	4	6	8	10	12	14	16	18	20	22	24	26	28	30	32	34
挖基	5号	1号			4号			3号				2号					
砌基			5号		1号					4号		3号	2号				

图 2-9 施工进度图

单元2　施工过程组织原理

本例如果按1号、2号、3号、4号、5号顺序排列施工顺序,则所得的施工总周期为33d,较以上排列多8d。

按1号、2号、3号、4号、5号顺序绘制施工进度图,确定总工期,如图2-10所示。

(2)三道工序,多项任务的施工顺序

每项任务都由三道工序A、B、C组成,且工作顺序为A→B→C,即完成前道工序方能进行后道工序。与二道工序的情形相比,该排序情况要相对复杂,通常取决于一些条件。

三道工序多项任务,如果符合下述条件(参考使用):

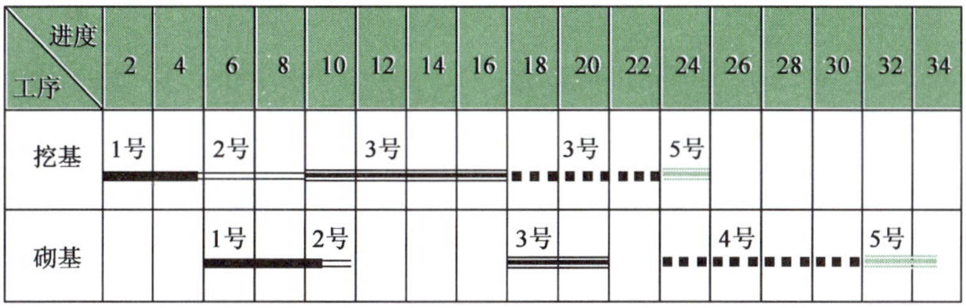

进度 工序	2	4	6	8	10	12	14	16	18	20	22	24	26	28	30	32	34
挖基	1号		2号			3号				3号		5号					
砌基			1号		2号				3号			4号				5号	

图2-10　施工进度图

①第1道工序最小的施工周期 $\min(t_{iA})$ 大于或等于第2道工序的最大施工周期 $\max(t_{iB})$。即:

$$\min\{t_{iA}\} \geq \max\{t_{iB}\}$$

②第3道工序最小的施工周期 $\min(t_{iC})$ 大于或等于第2道工序的最大施工周期 $\max(t_{iB})$。即:

$$\min\{t_{iC}\} \geq \max\{t_{iB}\}$$

两条件同时成立,或其中一项成立时,则可用下述方法求得最优施工顺序排列。以一工程项目为例,介绍三道工序,多项任务的施工顺序排序方法。各工序生产周期见表2-2所示。

各工序生产周期　　　　　　　　　表2-2

工序 施工段	A	B	C
1	4	5	5
2	2	2	6
3	8	3	9
4	10	3	9
5	5	4	7

计算方法和步骤如下:

第一步:将第1道工序和第2道工序上各项任务的施工周期依次加在一起。

第二步:将第2道工序和第3道工序上各项任务的施工周期依次加在一起。

第三步:将第二步中得到的施工周期序列看做两道工序的施工周期。

第四步:按两道工序多项任务的计算方法求出最优施工顺序。

第五步:求出的最优施工顺序就是三道工序上的最优施工顺序。

现举例说明如下:

某工程具有三道工序五项施工任务,其各工序的施工周期见表2-2,试确定其最优施工顺序。

计算方法和步骤如图2-11所示。

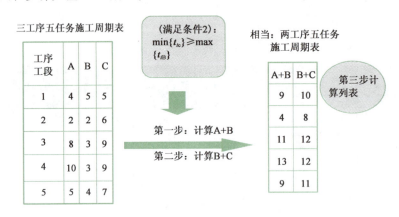

图2-11 三工序五任务施工顺序排列计算

第四步:按约翰逊—贝尔曼法则排序。

①在 $t_{i(A+B)}$ 和 $t_{i(B+C)}$ 中找出最小值,先行工序排在最前,后续工序排在最后施工。

$t_{2(A+B)} = 4 = t_{i(A+B)\min}$ 先行工序,2号任务第一施工。

② $t_{1(A+B)} = t_{5(A+B)} = 9 = t_{\min}$ 都为先行工序,查其后续工序 $t_{1(B+C)} = 10, t_{5(B+C)} = 11$,

$t_{1(B+C)} = 10 < t_{5(B+C)} = 11$,1号任务排在5号任务后面,5号任务第二,1号任务第三。

③ $t_{3(A+B)} = 11 = t_{\min}$ 为先行工序,3号任务第四施工,4号任务第五施工。

最优施工顺序为:2号、5号、1号、3号、4号。

第五步结论:得最佳工序排列:2、5、1、3、4(作横道图),施工周期41d(满足前提条件,排序正确)。

按计算出的最佳施工顺序排列施工顺序,绘制横道图,确定施工总工期为41d,如图2-12所示。

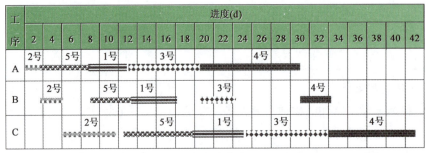

图2-12 三工序五任务施工进度图

(3) $n(n>3)$ 道工序,多项任务的施工顺序

当 $n>3$ 时,求解最优排序比较复杂,但可按施工的客观规律采用将前后关联工序的周期按一定方式合并的方法,分别应用约翰逊-贝尔曼法则,求出合并后工序相应的周期,最后再按选取最小值的方法求得施工顺序的较优安排。

①工序合并条件:

a. 三相邻工序的工作时间应满足前后工序中任何一道工序的最小工作时间应大于或等于中间工序的最大工作时间。

b. $t_{Amin} \geq t_{Bmax}$;$t_{Cmin} \geq t_{Bmax}$ 或 $t_{Bmin} \geq t_{Cmax}$;$t_{Dmin} \geq t_{Cmax}$。

c. 若出现 $t_{Cmin} \geq t_{Bmax}$,则合并为 A+B 与 B+C+D 两道工序。

d. 若出现 $t_{Dmin} \geq t_{Cmax}$,则合并为 A+B+C 与 C+D 两道工序。

②合并为两道工序后,运用约翰逊-贝尔曼法则进行最优排序。

施工顺序的安排,除考虑施工速度快外,同时还要考虑施工费用省、施工质量高和保证安全,因此必须从实际出发全面加以考虑,使施工顺序的确定能够为好、快、省、安全地完成施工任务创造条件。

2)约翰逊-贝尔曼法则使用注意事项

约翰逊-贝尔曼法则的运用,给我们提供了一个在不增加资源和额外投入的条件下而将工期缩短的经验方法,另一方面也为我们找到了缩短工期的简便方法。但是,由于计算机的出现,采用全排列组合的方法,只要编一段小小的程序即可很快计算出来,所以,约翰逊-贝尔曼法则的意义不在于简便计算,主要是提供给我们一种思想,利用这一经验法则,可以缩短工期。应该提倡使用,但要注意:

(1)工序划分的相对性

施工工序的划分是人为的,组织者不同,可以有许多不同的处理方法。因此,在实际操作时,根据工作量的相对平衡和工序本身在交接过程中的顺利连接,划分工序尽量保持工作量的均衡一致。

(2)约翰逊-贝尔曼法则使用的局限性

约翰逊-贝尔曼法则是工程施工中数字统计总结出来的经验,因此,本身存在一定的误差,在手工操作计算过程中,会遇到很多矛盾,但这不是法规的错,关键在于读者灵活运用。特别是多道工序的施工组织在缩短工期时,就会体会到这种经验和思想对我们十分有用。

(3)约翰逊-贝尔曼法则与流水作业

实际上,该法则是建立在流水作业的基础上的,但鉴于教材中还没有系统介绍流水施工原理。因此,从横道图上看,它并不是标准的流水作业,每一工序的专业施工队在施工过程中并不连续。望读者在第三节之后再回头分析工程实际运用的综合问题。

2.2.2 工程项目施工作业方式

在施工生产中,施工队(班组)对施工对象的施工顺序,一般可分为顺序(依次)作业法、平

行作业法和流水作业法等三种基本施工方式。

1) 顺序作业

按工艺流程、施工程序(步骤)及先后顺序进行施工操作。如多层结构型的路面工程,先后操作程序是路槽、底基层、基层、连接层、面层和路肩。石方爆破工程的程序是打眼、装药、堵塞、引爆和清方等。顺序作业就是按此固定(取决于工艺成结构物性质)程序组织施工。

组织方式:只组织一个施工队,该队完成所有施工段上的所有工序。

特点:顺序作业总工期长,劳动力需要量少,周期起伏不定。材料供应、作业班组的作业是间歇的,在工种和技工的使用上形成极大的不合理。

2) 平行作业

线型工程的作业面很大,根据工程或技术的需要,可划分为几段(或几个点),分段同时按程序施工。

组织方式:划分几个施工段,就组织几个施工队,各施工队需完成相应施工段上的所有工序。

特点:可以充分利用时间和空间,工期最短;同时投入的人力、设备多,临时设施投入过多;资源需求量过于集中;现场施工管理、协调、调度困难;每个工段内仍按顺序施工;适于综合施工队施工,不利于专业化施工和生产率的提高。

3) 流水作业

流水作业是比较先进的一种作业方法,它是以施工专业化为基础,将不同工程对象的同一施工工序交给专业施工队(组)执行,各专业队(组)在统一计划安排下,依次在各个作业面上完成指定的操作。前一操作结束后转移至另一作业面,执行同样操作,后一操作则由其他专业队继续执行。各专业队按大致相同的时间(流水节拍)和速度(流水速度),协调而紧凑地相继完成全部施工任务。流水作业符合工艺流程,组织紧凑,有利于专业化施工,是现代化工业产品生产的基本组织形式。对于建筑工程(包括公路在内)亦具有先进性。其基本原理在下一节中详述。

组织方式:划分几道工序,就组织几个专业施工队,各施工队在施工中只完成相同的操作,一个施工段的任务是由多个施工队共同协作完成。

特点:工期适中;劳动力得到合理的利用,避免了短期内的高峰现象;当各专业队都进入流水作业后,机具和材料的供应与使用都稳定而均衡;流水作业法是组织专业队施工,工程质量有保证。

为了便于进一步说明这三种施工作业方法的特点,现举例如下:拟修建跨径 6.0m 的同类型钢筋混凝土矩形板桥 m 座(设 $m=4$),比较范围仅限于施工期限和劳动力数量之间的相互关系,故假定 4 座桥的同一工序工作量相等,每座小桥分 4 道工序,即 $n=4$。还假定施工班组按完全相同的条件组成,因而在每座桥上每一工序所需的工作日数亦固定不变,即 $t_i = 4\mathrm{d}$,则 $t = n \times t_i = 4 \times 4 = 16\mathrm{d}$。

由工程进度横道图2-13可以看出,顺序作业法是4座桥按先后顺序进行施工,后一座桥的施工必须待前座桥全部竣工后才能进行。施工总期限 $T = m \times t = 4 \times 16 = 64d$,同时投入施工的劳动力(或其他资源)较少,最多12人,最少3人。

平行作业法是4座桥同时开工,同时竣工,配以四组相等的劳动力。虽然施工总期限缩短为只有 $T = t = 16d$,但是所需劳动力(资源数)却按施工对象的倍数增加,最多48人,最少12人。

流水作业与上述两种方法不同,其特点是将同性质的项目或操作过程,由一个专业施工队(组)按一定顺序连续在不同空间来完成。现将上例各座桥的全部施工操作内容分为4个独立的项目:挖基坑、砌基础、砌桥台、安装矩形板,分别交由4个专业班组施工,此时专业班组按规定的先后顺序(流水方向)进入各桥。由图2-13知,本例中挖基坑专业班组由6人组成,最先在甲桥施工,再依次在乙、丙、丁三座桥施工,直到全部完成,共占用28工作日。砌基础专业班组要等甲桥完成挖基坑任务后才能进入甲桥施工,并依次投入乙、丙、丁三座桥,每班5人同样亦占用16工作日。在日程进度图上比基坑班组推迟四天开工,其他两个班组依次比前一班组推迟四天开工,以后在甲、乙、丙、丁四座桥上连续施工。在流水作业法中,劳动力的总需要量是随着各专业班组先后投入施工而逐渐增加,当全部班组投入后就保持稳定(本例为26人),直到第一个施工对象(甲桥)完成后才逐渐减少。虽然每一施工班组均占用16个工作日,但由于是一个接一个相继投入施工,所以施工总期限的前段时间,即由正式开工起至所有施工班组全部投入为止,这段时间间隔称为流水作业的开展时间,用 t_0 表示,显然它与专业班组的数目(n)和每一施工班组在一个施工对象上执行同一工序的期限(t_i)有关。而总期限(T)又同时与开展时间和施工对象的数目有关,表示如下: $T = t_0 + m \times t_i = t_i(n-1) + m \times t_i = (m+n-1)t_i$。

由上式可知,本例用流水作业法施工时,总工期为28d。

上面三种方法各具特点,对于同一项工程的施工,采用顺序作业法需要64工作日,工期较长,劳动力需要量较少,但周期性起伏不定,对劳动力的调配管理以及临时性设施不利,尤其在工种和技工的使用上形成极大的不合理。在本例中为减少间隔性的窝工,当然不可能按4个项目所需的总人数(26人)来使用,但是即使只配12人,亦仅是在砌桥台的4d都得到充分利用,其余12d中至少有半数人在等待施工,并且造成技工、普工不分的现象,从而大大降低了工效和形成劳力浪费。

采用平行作业法时,施工总工期缩短为16工作日,但劳动力需要量相应增加4倍,这在短期内集中4套人力和设备,往往是不可能的,也是不合理的。同时在人力上突然出现高峰现象,造成窝工,增加生活福利设施的支出。

采用流水作业法施工,总工期比平行作业法有所延长,但劳动力得到了充分合理地利用,在整个施工期内显得均衡一致。如果再考虑到机具和材料的供应与使用,附属企业生产的稳定,以及工程质量、工效的提高等因素,则流水作业法施工的优点更为明显。

土木工程施工组织

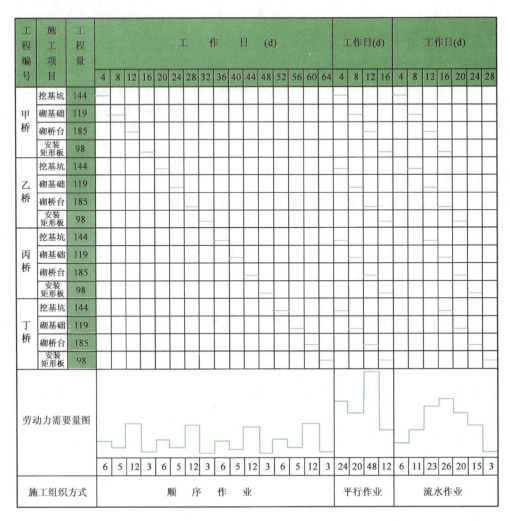

图 2-13 工程进度横道图

上例是假定施工条件、技术配备、工程数量完全相同的条件下,仅就施工期限和劳动力需要量进行比较,这是因为任何工程,在工程量和操作方法确定后,施工组织的任务就是解决工期和资源(包括人力、机具和材料等)需要量之间的相互关系。本例中三种方法的结构虽不同,但期限与人数的乘积(即工作量)的数值均为416工日。

2.2.3 作业方式的综合运用

顺序作业法、平行作业法、流水作业法在生产过程中不仅可以单独运用,而且可以根据具体条件,将三种基本作业方式加以综合运用,从而形成平行流水作业法、平行顺序作业法以及立体交叉平行流水作业法。这些施工过程时间组合的综合形式,一般均能取得较明显的经济效果。

1) 平行流水作业法

在平行作业法的基础上,按照流水作业法的原则组织施工,以达到适当缩短工期,而又使劳动力、材料、机具需要量保持均衡的目的。

2）平行顺序作业法

这种方法的实质是用增加施工力量的方法来达到缩短工期的目的。它使顺序作业法和平行作业法的缺点更加突出，故仅适用于突击性施工情况。

3）立体交叉平行流水作业法

它是在平行流水作业法的原则上，采用上、下、左、右全面施工的方法。它可以充分利用工作面和有效地缩短工期，一般适用于工序繁多、工程特别集中的大型构造物的施工，如大桥、立体交叉、隧道等工程量大、工作面狭窄、工期短的情况。

2.3 流水施工原理

2.3.1 流水施工的特点

流水施工的实质在于：

①把劳动对象的施工过程划分为若干工序或操作过程，每个工序或操作过程分别由按工艺原则建立的专业班组来完成。

②把一个劳动对象尽可能地划分为劳动量大致相等的若干施工段。

③各个作业班组按照一定的施工顺序，携带必要的机具，依次地、连续地由一个施工段转移到另一个施工段，反复完成同类工作。

④不同工种或同种作业班组完成工作的时间尽可能地相互衔接起来。

流水施工法的特点是生产的连续性和均衡性，因此可使各种物质资源均衡地使用，使建筑机构及其附属企业的生产能力充分地发挥，劳动力得到合理地安排和使用，从而带来较好的经济效果。它主要表现在以下几个方面：

①消除了工作的时间间歇，避免了施工期间劳动力的过分集中，从而减少临时设施工程量，节约基建投资。

②由于实行工程队（组）生产专业化，为工人提高技术水平和进行技术改造、革新创造了有利条件，促进劳动生产率和工程质量的不断提高。

③在采用流水施工方法时，单位时间内完成的工程数量，对于机械操作过程是按照主导机械的生产率来确定的；对于手工操作过程是以合理的劳动组织为依据确定的，可以保证施工机械和劳动力得到合理地、充分地利用。

④由于工期缩短，劳动生产率提高，劳动力和物质消耗均衡，可以降低工程间接费用；同时由于各种资源得到充分的利用，减少了各种不必要的损失，可以降低工程直接费用。

必须指出，流水施工法只是一种组织措施，它可以在施工中带来很好的经济效果，而不要求增加任何的补充费用。现代的建筑业沿着建筑工业化的道路发展，如建筑设计标准化，建筑结构装配化，构件生产工厂化，施工过程机械化，建筑机构专业化和施工管理科学化。这些方面是密切联系，互为条件的，既是实现建筑工业化必不可少的重要措施，也是建筑施工企业多、快、好、省地进行四化建设的重要手段。

2.3.2 流水施工的主要参数

为了说明流水施工在时间和空间上的开展情况,我们必须引入一些量的描述,这些量称为流水参数。按参数性质不同,可以分为以下三类:

1) 工艺参数

(1) 施工过程数 n

根据具体情况,可把一个综合的施工过程划分为若干具有独自工艺特点的个别施工过程,如制造建筑产品而进行的制备类施工过程;把材料和制品运到工地仓库或再转运到施工现场的运输类施工过程以及在施工中占主要地位的安装砌筑类施工过程,划分的数量 n 称为施工过程数(工序数)。由于每一个施工过程一般由专业班组承担,故施工班组(或队)数等于 n。

施工过程数要根据构造物的复杂程度和施工方法来确定,太多、太细,给计算增添麻烦,在施工进度计划上也会带来主次不分的缺点;太少则会使计划过于笼统,而失去指导施工的作用。

(2) 流水强度 V

流水强度又称流水能力、生产能力,每一施工过程在单位时间内所完成的工程量(如浇捣混凝土时,每工作班浇捣的混凝土的数量)叫流水强度。

① 机械施工过程的流水强度按下式计算:

$$V = \sum_{i=1}^{x} R_i \times C_i \tag{2-1}$$

式中:R_i——某种施工机械台数;

C_i——该种施工机械台班生产率(即台班产量定额);

x——用于同一施工过程的主导施工机械种数。

§ 例 2-2 § 某铲运机铲运土方工程,推土机 1 台,$C = 1562.5 \mathrm{m}^3/$台班,铲运机 3 台,$C = 223.2 \mathrm{m}^3/$台班,求流水强度。

解 $V = 1 \times 1562.5 + 3 \times 223.2 = 2232.1 \mathrm{m}^3/$台班

② 手工操作过程的流水强度按下式计算:

$$V = R \cdot C \tag{2-2}$$

式中:R——每一工作队人数(R 应小于工作面上允许容纳的最多人数);

C——每一工人每班产量(即劳动产量定额)。

§ 例 2-3 § 人工开挖土阶工程,$C = 22.2 \mathrm{m}^3/$工日,$R = 5$ 人,求手工操作流水强度。

解 $V = 5 \times 22.2 = 111 \mathrm{m}^3/$日

2) 时间参数

(1) 流水节拍 t_i

流水节拍是指在组织流水施工时,某个专业工作队或作业班组在一个施工段上的施工时间。它的大小关系着投入的劳动力、机械和材料量的多少,决定着施工的速度和施工的节奏性。通常有两种确定方法:一种是根据工期要求来确定;另一种是根据现有的投入的资源(劳动力、机械台班数和材料量)来确定。流水节拍按下式计算:

$$t_i = Q_i/C \times R = P_i/R \tag{2-3}$$

式中:Q_i——某施工段的工作量($i=1,2,3,\cdots,m$);

C——每一工日(或台班)的计划产量(产量定额);

R——施工人数(或机械台数);

P_i——某施工段所需要的劳动量(或机械台班量)。

§例2-4§ 人工挖运土方工程,$Q=24500\text{m}^3$,$C=24.5\text{m}^3/$工日,$R=20$人,求流水节拍t;若$R=50$人,则t为?

解 $P=24500/24.5=1000$工日

若$R=20$人,$t=1000/20=50\text{d}$

若$R=50$人,$t=1000/50=20\text{d}$

(2)流水步距 B_{ij}

流水步距是指组织流水施工时,相邻两个施工过程(或专业工作队)在同一个施工段上相继开始施工的最小时间间隔。其数目取决于参加流水的施工过程数,如施工过程数为n,则流水步距的总数为$(n-1)$个。

流水步距的大小取决于相邻两个施工过程(或专业工作队)在各个施工段上的流水节拍及流水施工的组织方式。确定流水步距的基本要求是:

①各施工过程按各自流水速度施工,始终保持工艺的先后顺序。

②各施工过程的专业工作队投入施工后尽可能保持连续作业。

③相邻两个施工过程(或专业工作队)在满足连续施工的条件下,能最大限度地实现合理搭接。

④流水步距与流水节拍保持一定关系,它应满足一定的施工工艺、组织条件及质量要求。例如,钻孔灌注桩工程,必须保证钻孔与灌注混凝土两道工序紧密衔接(防止塌孔)。

3)空间参数

(1)工作面 A

工作面又称工作前线,是指供某专业工种的工人或某种施工机械进行施工的活动空间。它的大小可表明能安置多少工人操作或布置机械台数的多少,也就是反映施工过程在空间上布置的可能性。在确定一个施工过程必要的工作面时,不仅要考虑前一施工过程为这个施工过程可能提供的工作面大小,也要遵守安全技术和施工技术规范的规定。

(2)施工段落 m

在组织流水施工时,通常把施工对象划分为所需劳动量大致相等的若干段,这些段就叫施工段。施工段的数目用m表示。

①划分施工段的目的就是为了组织流水施工。由于建设工程体形庞大,可以将其划分成若干个施工段,从而为组织流水施工提供足够的空间。在组织流水施工时,专业工作队完成一个施工段上的任务后,遵循施工组织顺序又到另一个施工段上作业,产生连续流动的施工效果。

一般情况下,一个施工段在同一时间内,只安排一个专业工作队施工,各专业工作队遵循施工工艺顺序依次投入作业,同一时间内在不同的施工段上平行施工,使流水施工均衡地进行。

组织流水施工时,可以划分足够数量的施工段,充分利用工作面,避免窝工,尽可能缩短工期。

②由于施工段内的施工任务由专业工作队依次完成,因而在两个施工段之间容易形成一个施工缝。同时,施工段数量的多少,将直接影响流水施工的效果。为使施工段划分得合理,一般应遵循下列原则:

a. 同一专业工作队在各个施工段上的劳动量应大致相等,相差幅度不宜超过10%~15%。

b. 每个施工段内要有足够的工作面,以保证相应数量的工人、主要施工机械的生产效率,满足合理劳动组织的要求。

c. 施工段的界限应尽可能与结构自然界限(如沉降缝、伸缩缝等)相吻合,或设在对建筑结构整体性影响小的部位,以保证建筑结构的整体性。

d. 施工段数目要满足合理组织流水施工要求,即 $m \geq n$。施工段数目过多,会降低施工速度,延长工期;施工段过少,不利于充分利用工作面,可能造成窝工。

e. 对于多层建筑物、构筑物或需要分层施工的工程,应既分施工段,又分施工层,各专业工作队依次完成第一施工层中各施工段任务后,再转入第二施工层的施工段上作业,依此类推,以确保相应专业队在施工段与施工层之间,组织连续、均衡、有节奏地流水施工。

f. 对于铁路、公路工程,由于产品的单件性,一般不适于组织流水施工,但同时由于其产品形态庞大、线长点多,又为组织流水施工提供了空间条件,可将其划分为若干段的批量产品,使其满足流水施工的基本要求。

2.3.3 流水施工类型及总工期

由于工程构造物的复杂程度不同,所处的具体位置多变以及工程性质各异等因素的影响,使流水节拍的规律不同,决定了流水步距、流水施工工期的计算方法等也不同,甚至影响到各个施工过程的专业工作队数目。因此,按流水节拍的特征将流水施工可分为节拍流水和无节拍流水,其中有节拍流水又分为全等节拍流水、成倍节拍流水和分别流水。图2-14 为流水施工分类图。

1)有节奏流水施工

有节奏流水施工是指在组织流水施工时,每一个施工过程在各个施工段上的流水节拍都各自相等的流水施工,它分为等节奏流水施工和异节奏流水施工。

图 2-14 流水施工分类图

(1) 等节奏流水施工

等节奏流水施工是指在有节奏流水施工中,各施工过程的流水节拍 t_i 全相等的流水施工。即各专业施工队在所有施工段上的作业时间均相等。

特点:流水步距=流水节拍,即 $t_i = B_{ij} =$ 常数。

流水周期:
$$T = T_0 + T_n = (n-1)B_{ij} + m \cdot t_i = (m+n-1)t_i \qquad (2-4)$$

式中:T_0——流水开展期,即从开始至全部工序投入操作的时间间隔(各工序之间的流水步距总和);

T_n——末道工序完成各施工段操作所需时间。

§ 例 2-5 § 某施工项目有三个施工段,每个施工段有 5 道工序,每道工序的流水节拍 $t_i = 2$ 天,$B_{ij} = 2$ 天。确定施工组织的方法,绘制施工进度图,计算总工期。

解 根据题意可知:$m=3, n=5, t_i = B_{ij} = 2d$,确定组织施工的方法为等节奏流水施工。

流水开展期 $t_0 = (n-1)B_{ij}$;最后工序作业时间 $t_n = m \cdot t_i$。

总工期 $T = T_0 + T_n = (n-1)B_{ij} + m \cdot t_i = (m+n-1)t_i = (3+5-1) \times 2 = 14d$

绘制施工进度图,如图 2-15 所示。

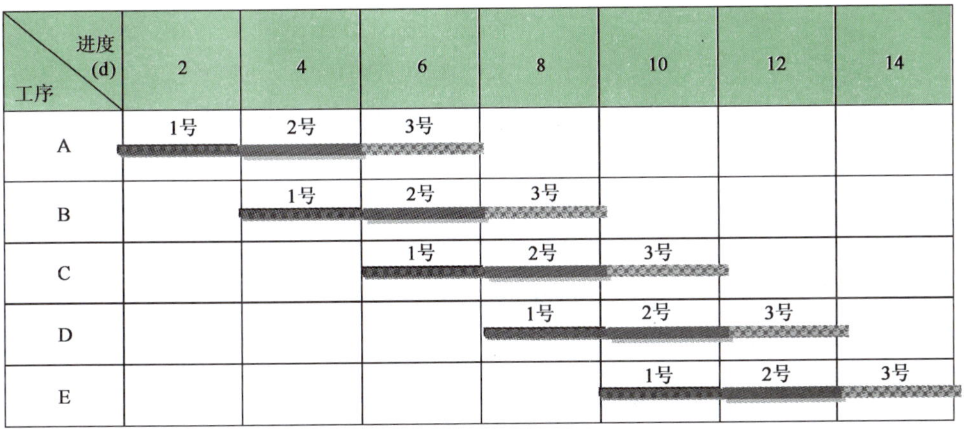

进度(d) 工序	2	4	6	8	10	12	14
A	1号	2号	3号				
B		1号	2号	3号			
C			1号	2号	3号		
D				1号	2号	3号	
E					1号	2号	3号

图 2-15 等节奏流水施工进度图

(2) 异节奏流水施工

异节奏流水施工是指在有节奏流水施工中,各施工过程的流水节拍各自相等而不同施工过程之间的流水节拍不尽相等的流水施工。在组织异节奏流水施工时,又可以采用等步距和异步距两种方式。

①等步距异节奏流水施工(成倍节拍流水施工)。

当各施工过程的流水节拍彼此不相等,但有互成倍数的比例关系时,如仍按全等节拍流水组织施工,则会造成施工队窝工或作业面间歇,从而导致总工期延长。此时,为了使各施工队仍能连续、均衡地依次在各施工段上施工,应按成倍节拍流水组织施工。其步骤如下:

a. 求各流水节拍的最大公约数 K,它相当于各施工过程都共同遵守的"公共流水步距",为了使用方便和便于与其他流水作业法比较起见,今后仍称这个 K 为流水步距。

b. 求各施工过程的专业施工队数目 b_i。每个施工过程的流水节拍 t_i 是 K 的几倍,就相应安排几个施工队,才能保证均衡施工。同一施工项目的各个施工队依次相隔 K 天投入流水施工,因此,施工队数目 b_i 按下式计算:

$$b_i = t_i/K \tag{2-5}$$

c. 将专业施工队数目的总和 $\sum b_i$ 看成是施工过程数 n,将 K 看成是流水步距后,按全等节拍流水的方法安排施工进度。

d. 计算总工期 T,由于 $n = b_i$,因此可以按下式来计算总工期:

$$T = (m + n - 1)t_i = (m + \sum b_i - 1)K \tag{2-6}$$

式中:K——各流水节拍的最大公约数。

§例2-6§ 有6座类型相同的管涵,每座管涵包括四道工序。每个专业队由4人组成,工作时间为:挖槽2d,砌基4d,安管6d,洞口2d。求:总工期 T,绘制施工进度图。

解 根据题意可知:$m = 6, n = 4, t_1 = 2d, t_2 = 4d, t_3 = 6d, t_4 = 2d$。

由 $t_1 = 2d, t_2 = 4d, t_3 = 6d, t_4 = 2d$,得 $K = 2d$。

求专业队数 b_i:$b_i = t_i/K$,则 $b_1 = 1, b_2 = 2, b_3 = 3, b_4 = 1, \sum b_i = 1 + 2 + 3 + 1 = 7$。

按7个专业队,流水步距为2组织施工。

总工期 $T = (m + \sum b_i - 1)K = (6 + 7 - 1) \times 2 = 24d$

绘制施工进度图如图2-16和图2-17所示。

②异步距异节奏流水施工(分别流水施工)。

所谓分别流水是指各施工过程的流水节拍各自保持不变(t_i = 常数),但不存在最大公约数,流水步距 B_{ij} 也是一个变数的流水作业。

特点:

a. 各工序本身的流水节拍 t_i 为常数,但相互间并不全部相等。

b. 各工序间流水步距 B_{ij} 不是常数,一个施工段流水步距及不同施工段上的同类流水步距也不全部相等。

c. 首末工序可在工段间连续施工或间歇施工。

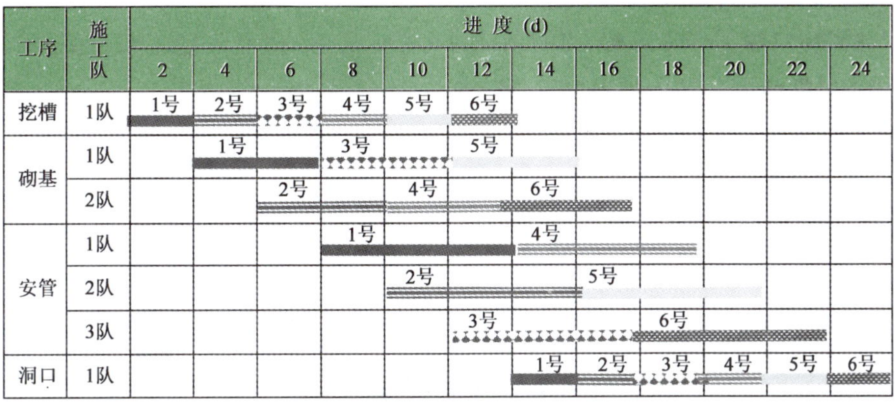

单元2 施工过程组织原理

图2-16 等步距异节奏流水施工进度图(水平)

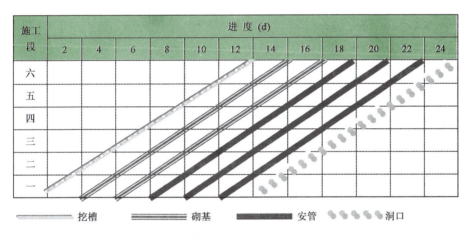

图2-17 等步距异节奏流水施工进度图(垂直)

流水步距 B_{ij}：

a. 第一种类型：当后一道工序的作业持续时间 t_{i+1} 等于或大于前一工序的作业持续时间 t_i 时,流水步距根据后一工序所要求的时间间隔确定,即 $B_{ij}=t_i$,一般不小于1d。

b. 第二种类型：当后一个施工过程的作业持续时间 t_{i+1} 小于前一个施工过程的作业持续时间 t_n 时：

$$B_{ij} = m(t_i - t_{i+1}) + t_{i+1} \tag{2-7}$$

式中：m——施工段数。

总工期计算：

$$T = t_0 + t_n = \sum B_{ij} + m \cdot t_n \tag{2-8}$$

式中：$\sum B_{ij}$——各相邻工序之间流水步距之和；

t_n——最后一个专业施工队的作业持续时间；

t_0——第一个施工过程开始至最后一个施工过程开始之间的时间间隔。

§例2-7§ 有结构尺寸相同的涵洞5座,每个涵洞四道工序,各涵每道工序的工作时间

为 $t_1=3\mathrm{d},t_2=2\mathrm{d},t_3=4\mathrm{d},t_4=5\mathrm{d}$,求总工期,绘制水平施工进度图。

解 根据题意可知,$m=5,n=4$,各道工序的作业时间分别为 $t_1=3\mathrm{d},t_2=2\mathrm{d},t_3=4\mathrm{d},t_4=5\mathrm{d}$。

$t_2=2<t_1=3,B_{12}=5\times(3-2)+2=7\mathrm{d}$

$t_3=4>t_2=2,B_{23}=2\mathrm{d}$

$t_4=5>t_3=4,B_{34}=4\mathrm{d}$

$T_0=B_{12}+B_{23}+B_{34}=7+2+4=13\mathrm{d}$

$T=T_0+T_4=13+25=38\mathrm{d}$

绘制施工进度图,如图2-18所示。

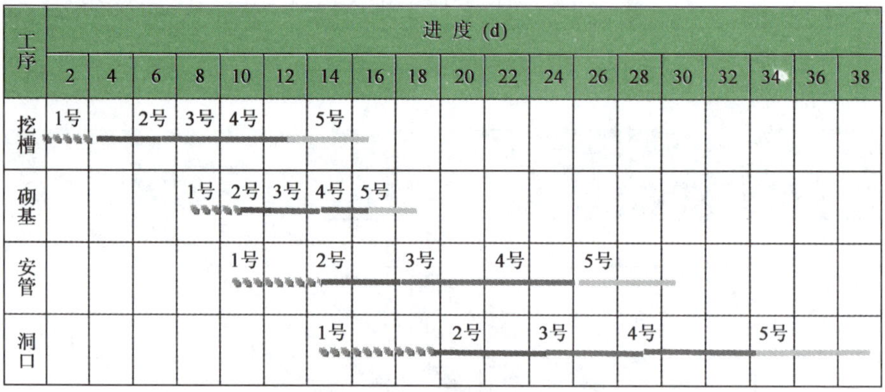

工序	进度 (d)																		
	2	4	6	8	10	12	14	16	18	20	22	24	26	28	30	32	34	36	38
挖槽	1号		2号	3号	4号		5号												
砌基				1号	2号	3号	4号	5号											
安管					1号		2号		3号		4号		5号						
洞口							1号			2号		3号		4号		5号			

图2-18 施工进度图

组织分别流水施工时,首先应保证各施工过程本身均衡而不间断地进行,然后将各施工过程彼此搭接协调。也就是说,既要避免各施工过程之间发生矛盾,也要尽可能减少作业面的间隙时间,使整个施工安排保持最大限度的紧凑,以达到缩短工期的目的。

2)无节奏流水施工

对于道路工程施工来说,沿线工程量的分布都是不均匀的,而大中型桥梁或路基土石方的高填深挖,又为集中型工程,因此,实际上各专业施工队在机具和劳动力固定的条件下,流水作业速度不可能保持一致,即各施工段上同一施工过程的流水节拍无法相等。也就是说,在组织流水施工时,$t_i\ne$常数,$B\ne$常数,$t_i\ne B$,也非整数倍,即为无节奏流水施工。

无节奏流水施工是指各道工序在各施工段上的流水节拍不相同,不同工序的流水节拍也不相同的流水施工。即 $t_i\ne$常数,$B\ne$常数,$t_i\ne B$,也非整数倍的流水施工。

(1)无节奏流水施工的特点

①各施工过程在各施工段的流水节拍不全相等。

②相邻施工过程的流水步距不尽相等。

③专业工作队数等于施工过程数。

④各专业工作队能够在施工段上连续作业,但有的施工段之间可能有空闲时间。

(2)无节奏流水步距的确定

在无节奏流水施工中,通常采用累加数列错位相减取大差法计算流水步距。累加数列错位相减取大差法的基本步骤如下:

①对每一个施工过程在各施工段上的流水节拍依次累加,求得各施工过程流水节拍的累加数列。

②将相邻施工过程流水节拍累加数列中的后者错后一位,相减后求得一个差数列。

③在差数列中取最大值,即为这两个相邻施工过程的流水步距。

§例2-8§ 某工程由3个施工过程组成,分为4个施工段进行流水施工,其流水节拍见表2-3,试确定流水步距。

某工程流水节拍表(单位:d)　　　　　　　　表2-3

施工过程	施工段			
	①	②	③	④
Ⅰ	2	3	2	1
Ⅱ	3	2	4	2
Ⅲ	3	4	2	2

解 ①求各施工过程流水节拍的累加数列。

施工过程Ⅰ:2,5,7,8

施工过程Ⅱ:3,5,9,11

施工过程Ⅲ:3,7,9,11

②错位相减求得差数列。

```
Ⅰ与Ⅱ：    2， 5， 7， 8
-             3， 5， 9， 11
           ─────────────────
           2， 2， 2， -1， -11

Ⅱ与Ⅲ： 3， 5， 9， 11
-          3， 7， 9， 11
           ─────────────────
           3， 2， 2， 2， -11
```

③在差数列中取最大值求得流水步距。

施工过程Ⅰ与Ⅱ之间的流水步距:$K_{1,2} = \max[2,2,2,-1,-11] = 2d$

施工过程Ⅱ与Ⅲ之间的流水步距:$K_{2,3} = \max[3,2,2,2,-11] = 3d$

(3)无节奏流水施工工期的确定

流水施工工期可按下式计算:

$$T = \sum K + \sum T_n + \sum Z + \sum G - \sum C \tag{2-9}$$

式中:T——流水施工工期;

　　$\sum K$——各施工过程(或专业工作队)之间流水步距之和;

　　$\sum T_n$——最后一个施工过程(或专业工作队)在各施工段流水节拍之和;

$\sum Z$——组织间歇时间之和；

$\sum G$——工艺间歇时间之和；

$\sum C$——提前插入时间之和。

§例2-9§ 某工厂需要修建4台设备的基础工程，施工过程包括基础开挖、基础处理和浇筑混凝土。设备型号与基础条件等不同，使得4台设备（施工段）的各施工过程有着不同的流水节拍见表2-4，试确定流水步距。

基础工程流水节拍表（单位：周）　　　表2-4

施工过程	施工段			
	设备A	设备B	设备C	设备D
基础开挖	2	3	2	2
基础处理	4	4	2	3
浇筑混凝土	2	3	2	3

解 从流水节拍的特点可以看出，本工程应按无节奏流水施工方式组织施工。

①确定施工流向为设备 A→B→C→D，施工段数 $m=4$。

②确定施工过程数 $n=3$，包括基础开挖、基础处理和浇筑混凝土。

③采用累加数列错位相减取大差法求流水步距。

a. 求各施工过程流水节拍的累加数列。

施工过程 I：2，5，7，9

施工过程 II：4，8，10，13

施工过程 III：2，5，7，10d

b. 错位相减求得差数列。

I 与 II：　2，5，7，9
　　　　－　　4，8，10，13

$K_{1,2} = \max[2,\ 1,\ -1,\ -1,\ -13] = 2$

II 与 III：4，8，10，13
　　　　－　2，5，7，10

$K_{2,3} = \max[4,\ 6,\ 5,\ 6,\ -10] = 6$

④计算流水施工工期。

$$T = \sum K + \sum T_n + \sum Z + \sum G - \sum C$$
$$= (2+6)+(2+3+2+3) = 18 \text{ 周}$$

⑤绘制无节奏流水施工进度图，如图2-19所示。

无节奏流水施工其基本的组织方法是统一控制整个工程的总平均速度，再按分别流水的原则处理各施工过程的搭接关系。无节奏流水的各个参数以及总工期的确定，都必须通过对专业施工队逐个落实，反复调整，才能得到满意的结果。

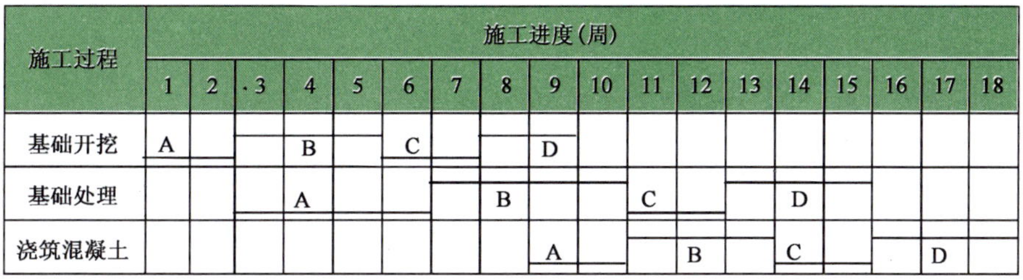

施工过程	施工进度(周)																	
	1	2	3	4	5	6	7	8	9	10	11	12	13	14	15	16	17	18
基础开挖	A			B		C			D									
基础处理				A				B			C			D				
浇筑混凝土								A				B		C			D	

图 2-19　无节奏流水施工进度图

单元小结

1.本章主要介绍了公路施工过程的组成以及施工过程的组织原则、施工过程的时间组织、空间组织和流水作业的施工原理、类型以及工期的计算。

2.本章重点难点：

(1)重点：约翰逊—贝尔曼法则在实际工作中的运用及流水作业。

(2)难点：流水施工的重要参数及全等节拍流水、成倍节拍流水、分别流水、无节拍流水等施工工期的计算。

3.学生掌握要点：

(1)掌握流水作业的概念及特点，学会在实际工作中的运用。

(2)掌握流水节拍、流水步距以及流水强度。

(3)施工过程的类型。

(4)施工过程的组成。

(5)施工过程的组织原则。

(6)施工过程的简单排序方法。

(7)工程项目施工作业方式。

(8)流水施工的主要参数、流水施工的类型及总工期的计算。

阅 读 材 料

横 道 图

横道图是用横道表示施工进度的图形。

1.优点：

(1)形象直观，能够清楚地表达工作开始时间、结束时间和持续时间。

(2)使用方便，制作简单。

(3)不仅能够安排工期，而且可以与劳动力计划、资源计划、资金计划相结合。

2.缺点：

(1)很难表达工作之间的逻辑关系，即工作之间的前后顺序及搭接关系不能确定。

(2)不能表示工作的重要性，如哪些工作是关键工作，哪些工作有推迟或拖延的余地(非关键工作)。

(3)横道图上所能表达的信息量较少，无法方便地表达出活动的最迟开始和结束时间。

(4)不便用计算机处理,即对一个复杂的工程不能进行工期计算,更不能进行工期方案的优化。

横道图的优缺点,决定了它既有广泛的应用范围和很强的生命力,同时又有一定的局限性:

(1)可直接用于一些简单的小的项目。

(2)一般人们都用横道图作总体计划。

(3)上层管理者一般仅需了解总体计划,他们都用横道图表示。

(4)作为网络分析的输出结果。现在几乎所有的网络分析程序都有横道图的输出功能,而且它被广泛使用。

复习思考题

2-1 工程项目施工作业的方式有哪些?有哪些特点?

2-2 流水施工的主要参数有哪些?

2-3 某路面工程5km,划分为4个施工段施工。垫层施工的持续时间为12d,基层为20d,面层为20d,保护层为8d。计算总工期,并绘制施工进度图。

单元 3　工程施工组织设计

 引子

工程施工组织设计就是统筹考虑整个施工过程,对施工人力、材料、机械、资金、施工方法、施工现场(空间)等主要要素,根据其所处的环境、自然条件、施工工期等,进行合理的组织、安排,使之科学合理配置,以实现有计划、有组织、均衡地施工,使其达到工期短、质量好、成本低的施工目标。

工程施工组织设计是工程基本建设项目在设计、施工阶段必须提交的技术文件,是准备、组织指导施工和编制施工作业计划的基本依据,是指导设计、招标、投标、施工准备和正常施工的基本技术经济文件,是施工组织管理中的重要环节之一。

3.1　工程施工组织设计概述

3.1.1　施工组织设计概念

施工组织设计就是针对施工安装过程的复杂性,用系统的思想并遵循技术经济规律,对拟建工程的各阶段、各环节以及所需的各种资源进行统筹安排的计划管理行为;是对建筑产品(建设项目或其单项单位工程、分部分项工程)生产(即施工)过程中诸要素的合理组织,即根据拟建工程项目的特点,从人力、资金、材料、机械和施工方法等方面进行科学合理的安排,使之在一定的时间和空间之内,得以实现有组织、有计划、均衡地施工,使整个项目在施工中达到技术先进、经济合理、质量优良、按期完工的目的,并根据施工安装过程的复杂性和具体施工项目的特殊性,尽量保持施工生产的连续性、均衡性和协调性,以实现生产活动的最佳经济效果。

具体来讲,施工组织设计就是把整个施工技术作业过程的所有环节都联系到一定的技术作业环节中,在特定的约束条件下,合理确定各项技术作业间的关系,确定在什么时候,按什么顺序,用什么方法及工具来完成施工任务。若组织得好,可使工地上的工人、机具、材料能够各得其所,以最少的消耗、最快的速度,取得最佳的经济效果;反之,就会违反操作规程,互相牵扯、干扰,造成窝工、停工,降低工程质量,延误施工期限,造成人力、物力、财力的巨大浪费。

施工组织设计除安排和指导施工外,又是体现设计意图,督促检查工作及编制概预算的依据。因此,施工组织设计必须具备下列性质:

①合理性。确定的原则和事项既符合当前施工队伍的技术水平和装备能力,又具备一定的先进水平,通过努力是可以达到的。

②严肃性。一经鉴定或审批成立,即具有法定效力,必须严格执行,不得任意违背,如遇特殊情况必须变更时,需提出理由报请原批准单位审查批准。

③实践性。编制的原则和依据不是一成不变的,应贯彻从实际出发,认真调查研究的工作方法。施工组织设计应随着工人熟练程度及劳动生产率的提高,施工方法的改善,新工具、新设备的出现而不断改变,它与长期不变的结构设计是不同的。

3.1.2 施工组织设计任务

施工组织设计的任务,如图3-1所示。

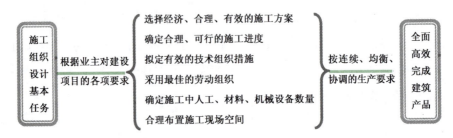

图3-1 施工组织设计的基本任务

施工组织设计的任务具体体现在:

①在具体的工程项目施工中,响应招标文件的实质性要求和条件,执行国家的法令和政策,遵守施工的有关规程、规范和细则。

②从施工的全局出发,全面规划,选定施工方案,合理安排施工程序,做好施工安排,确定施工进度,选择施工机具,使各环节、各工序互相衔接,协调配合。

③合理地、科学地计算各项物资资源和劳动力的需要量,以及使用的先后次序,以便组织及时供应。

④对施工工程必备的材料厂、砂石场、轨排场、桥梁场等进行合理的分布和布置,以适应施工作业的需要。

⑤切实、有效地做好施工技术组织措施以及开工前的各项准备工作。

⑥对重点、难点、控制工期的工程以及施工中可能遇到的问题,分析、排队、设想对策,做到心中有数。

⑦遵循节省投资、节约用地、环保节能、永临结合、因地制宜的原则,并重视防灾减灾、文物保护等工作。

⑧铁路工程施工组织设计通常以铺架工程为主线,以深水、高墩、大跨桥梁、特长隧道、地质复杂隧道、软土路基、大型站房等控制工程为重点,以位于关键线路上的工程为主要研究对象。

3.1.3 施工组织设计的作用

随着我国市场经济的不断深入和工程建设招投标工作深入的开展,施工组织设计也在不断地改变自己的角色,从一开始的施工技术文件已完全转变为一个全面的项目策划和管理文件。施工组织设计就是统筹规划、协调各方矛盾、正确指导施工活动的一部纲领性文件;是对整个施工活动的总设计,是建设项目管理的灵魂。施工组织设计,不仅对施工单位的施工活动有约束指导作用,同时对建设单位、监理单位的工作也有相应的指导作用。科学的施工组织设计,将使建筑施工活动程序不断优化、工作协调和谐,实现较高的工作效率,达到工期短、质量优、成本低的综合效果。

施工组织设计在不同阶段、不同进程、不同部门都有不同作用,主要是规划、组织、指导作用及作为概(预)算编制依据,具体体现在:

①为建设工程的施工做出全局性的部署。
②为组织项目施工提供科学的方案和实施步骤。
③为建设单位编制建设计划提供依据。
④为施工单位编制施工计划提供依据。
⑤为做好施工准备、保证资源供应提供依据。
⑥为确定设计方案的施工可行性和经济合理性提供依据。
⑦是各阶段进行投资测算的依据。
⑧对施工企业的施工计划起决定性和控制性的作用。施工计划是根据施工企业对建筑市场所进行科学预测和中标的结果,结合本企业的具体情况,制订出的企业不同时期应完成的生产计划和各项技术经济指标。而施工组织设计是按具体的拟建工程的开竣工时间编制的指导施工的文件。因此,施工组织设计与施工企业的施工计划两者之间有着极为密切、不可分割的关系。施工组织设计是编制施工企业施工计划的基础,反过来,制订施工组织设计又应服从企业的施工计划,两者是相辅相成、互为依据的。
⑨它是统筹安排施工企业生产的投入与产出过程的关键和依据。
⑩通过编制施工组织设计,可充分考虑施工中可能遇到的困难与障碍,主动调整施工中的薄弱环节,事先予以解决或排除,从而提高了施工的预见性,减少了盲目性,使管理者和生产者做到心中有数,工作处于主动地位。

3.1.4 施工组织设计文件的组成

施工组织设计文件由下列内容组成,如图 3-2 所示。

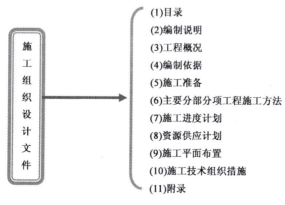

图 3-2 施工组织设计文件的组成

3.1.5 施工组织设计的基本内容

施工组织设计的基本内容一般由三部分组成：

①必要的文字说明，如编制依据、工程概况、现场施工组织及进度、主要项目施工方法、重点项目施工方法、创优规划、各项保证措施（质量保证措施、技术保证措施、冬雨季施工保证措施、工期保证措施、安全保证措施、环境保护措施、廉政保证措施）等。

②必要的图纸，如施工平面布置图、施工进度示意图、辅助工程的辅助设施设计图、现场组织机构图、网络计划图等。

③相关计划表，如临时用地计划表、临时用电计划表、主要施工机械表、试验及检测设备表、主要材料计划表、进度计划表等。

不同的施工组织设计有不同的内容，具体取决于它的任务和作用。因此，施工组织设计的基本内容要结合工程对象的实际特点、施工条件和技术水平进行综合考虑，具体包括以下基本内容：

1）工程概况

（1）建设项目特征

本项目的性质、规模、建设地点、结构特点、建设期限、分批交付使用的条件等。

（2）建设地区特征

本地区地形、地质、水文和气象情况等。

（3）其他内容

建设项目的施工条件，与项目有关的合同及协议，土地征用范围、数量和时间，需拆迁和平整场地的要求等。

2）施工部署及施工方案

①根据工程情况，结合人力、材料、机械设备、资金、施工方法等条件，全面部署施工任务，合理安排施工顺序，确定主要工程的施工方案。

②对拟建工程可能采用的几个施工方案进行定性、定量的分析，通过技术经济评价，选择最佳方案。

③明确施工准备工作的规划。如土地征用、居民拆迁、障碍物清除、工期、新材料和新技术应用、重要施工机械申请和订购等。

3）施工进度计划

施工进度计划反映了最佳施工方案在时间上的安排；采用计划的形式，使工期、成本、资源等方面，通过计算和调整达到优化配置，符合项目目标的要求。

使工序有序地进行；使工期、成本、资源等通过优化调整达到既定目标，在此基础上编制相应的人力和时间安排计划、资源需求计划和施工准备计划。

4）施工平面图

施工平面图是施工方案及施工进度计划在空间上的全面安排。它把投入的各种资源、材料、构件、机械、道路、水电供应网络、生产生活活动场地及各种临时工程设施合理地布置在施工现场,使整个现场能有组织地进行文明施工。

5) 施工资源供应计划

施工资源供应计划主要是施工所需劳动力、机械设备、材料和构件等供应计划。

6) 建筑工地施工业务的组织规划

建筑工地施工业务的组织规划主要是工地临时房屋、临时道路、临时供水、临时供电、冬季和雨季施工准备等规划。

7) 主要技术经济指标

施工工期、劳动生产率、单位工程质量优良率、安全指标等技术经济指标用以衡量组织施工的水平,它是对施工组织设计文件的技术经济效益进行全面评价。

3.2 施工组织设计的分类

施工组织设计是一个总的概念,因为建设项目的类别、工程规模、编制阶段、编制对象和范围各不相同,因而使得施工组织设计在编制的深度和广度上也不同。

1) 按编制单位不同分类

①设计单位的施工组织设计。

②招标单位的施工组织设计。

③施工单位的施工组织设计。

④监理单位的施工组织设计。

2) 按编制的广度和具体作用不同分类

(1) 施工组织总设计

施工组织总设计是以一个建设项目(如一条铁路线、一个道路工程)为编制对象,规划施工全过程中各项活动的技术、经济的全局性、控制性文件。它是整个建设项目施工的战略部署,涉及范围较广,内容比较概括。它一般是在初步设计或扩大初步设计批准后,由总承包单位的总工程师负责,会同建设、设计和分包单位的工程师共同编制的。它也是施工单位编制年度施工计划和单位工程施工组织设计的依据。

施工组织总设计的主要内容如下:

①建设项目的工程概况。

②施工部署及其核心工程的施工方案。

③全场性施工准备工作计划。

④施工总进度计划。

⑤各项资源需求量计划。

⑥全场性施工总平面图设计。

⑦主要技术经济指标(项目施工工期、劳动生产率、项目施工质量、项目施工成本、项目施

工安全、机械化程度、预制化程度、暂设工程等)。

(2)单位工程施工组织设计

单位工程施工组织设计是以单位工程(如一段道路、一座桥等)为编制对象,用来指导施工全过程中各项活动的技术、经济的局部性、指导性文件。在施工组织总设计的指导下,由直接组织施工的单位根据施工图设计进行编制,用以直接指导单位工程的施工活动,是施工单位编制分部(分项)工程施工组织设计和季、月、旬施工计划的依据。单位工程施工组织设计根据工程规模和技术复杂程度不同,其编制内容的深度和广度也有所不同。对于简单的工程,一般只编制施工方案,并附以施工进度计划和施工平面图。

单位工程施工组织设计是施工组织总设计的继续和深化,同时也是单独的一个单位工程在施工图阶段的文件。

单位工程施工组织设计的主要内容如下:

①工程概况及施工特点分析。

②施工方案的选择。

③单位工程施工准备工作计划。

④单位工程施工进度计划。

⑤各项资源需求量计划。

⑥单位工程施工总平面图设计。

⑦技术组织措施、质量保证措施和安全施工措施。

⑧主要技术经济指标(工期、资源消耗的均衡性、机械设备的利用程度等)。

(3)分部(分项)工程施工组织设计

分部(分项)工程施工组织设计,也称为分部(分项)工程作业设计或分部(分项)工程施工设计,是以某些特别重要的、技术复杂的,或采用新工艺、新技术施工的分部(分项)工程(如大量土石方工程、定向爆破工程、特大构件的吊装等)为编制对象,用来指导施工活动的技术、经济文件。其内容具体、详细,可操作性强,是直接指导分部(分项)工程施工的依据。一般在单位工程施工组织设计确定了施工方案后,由施工队技术队长负责编制。

分部(分项)工程施工组织设计,既是单位施工组织设计中某个分部(分项)工程更深、更细的施工设计,又是单独一个分部(分项)工程的施工设计。

分部(分项)工程施工组织设计的主要内容如下:

①工程概况及施工特点分析。

②施工方法和施工机械的选择。

③分部(分项)工程的施工准备工作计划。

④分部(分项)工程的施工进度计划。

⑤各项资源需求量计划。

⑥技术组织措施、质量保证措施和安全施工措施。

⑦作业区施工平面布置图设计。

3)按施工组织设计深度不同分类

(1)指导性施工组织设计

一般来说,所有的标前施工组织设计(包括设计单位、招标单位及施工单位的投标施工组织设计)均为方案性施工组织设计,即指导性施工组织设计。另外,习惯上常将上级单位下达给基层单位的施工组织设计统称为指导性施工组织设计。

(2)实施性施工组织设计

工程招标完成后,由中标施工单位编制的施工组织设计,尤其是项目基层编制的施工组织设计均应视为实施性施工组织设计。另外,由于基层单位编制的施工组织往往以施工难度较大或技术较复杂的单项或单位甚至分部或分项工程为编制对象,所以常将施工单位编制的单位工程施工组织设计或分部分项工程施工组织设计视为实施性施工组织设计。

4)按项目实施阶段不同分类

施工组织设计既是指导施工的战略部署文件,也是测算概(预)算费用的基础,因此,工程项目进行的每一阶段都应该有相应的施工组织设计,只是编制的侧重点不一样而已,同时它们的名称也应相应的固定下来,表3-1是目前的较为通用的做法,可作为应用或进一步研究时参考。

施工组织设计分类表 表3-1

项目阶段		施组名称	主要作用
决策阶段	预可行性研究	概略施工组织方案意见	重点提出总工期和概略的方案意见,是编制投资预估算的依据
	可行性研究	施工组织方案意见	重点提出总工期和总的方案意见,经审批成立,作为制订基本建设计划及编制投资估算的依据
设计阶段	初步设计	施工组织设计意见	重点使总工期和总施工方案细化,经审批成立。作为修订基本建设计划、指导建设项目施工组织安排、编制初步设计概算、控制分年度投资以及安排施工力量的依据
	施工图设计		一般直接采用初步设计阶段施工组织设计成果或进行局部修订,是施工图设计文件的组成部分;是编制施工图预算(投资检算)的依据
招标阶段		指导性施工组织设计	对建设项目进行总体部署和规划,着重节点工期与重点工程的安排,编制工程标底的依据,由招标单位组织或委托相关人员编写
投标阶段		投标施工组织设计	是投标书的组成部分,通常由施工单位投标组编写,是编制投标报价的依据
施工阶段(实施性施工组织)		施工组织总设计	以中标工程全部工程项目为对象,通盘考虑,全面规划,通常由项目管理机构高层组织编写;是施工单位全面组织施工生产的依据;是编制单项单位工程施工组织设计的依据

续上表

项目阶段	施组名称	主要作用
施工阶段（实施性施工组织）	单项或单位工程施工组织设计	以施工难度较大或技术较复杂的单项或单位工程（深水、高墩、大跨度桥梁、特长隧道、地质复杂的隧道、特大型站房以及大型站场改造等控制工程）为对象，单独编制施工组织设计；通常由项目管理机构中层组织编写；是组织单项单位工程施工的依据；是编制分部分项工程施工组织设计的依据
	分部或分项工程施工组织设计	以施工难度较大或技术较复杂或无经验的分部或分项工程为编制对象进行专门的施工组织设计或施工作业计划，通常由项目管理机构基层组织编写；是确保特殊工程顺利实施的依据和技术保证
	剩余工程施工组织设计	以剩余工程为对象编制的修正或调整施工组织设计，是未完工程顺利实施的依据

对于跨年度的建设项目，因投资或施工环境及所需人力、物力的变化，为适应建设单位和施工生产的需要，有时还应编制年度施工组织设计。年度施工组织设计应结合上一年度施工情况和新的一年部署要求进行编制。

3.3 施工组织设计的编制方法

3.3.1 施工组织设计的编制原则

1）严格执行施工程序

认真贯彻党和国家对工程建设的各项方针和政策，严格执行建设程序。要全面规划，统筹安排，保证重点，优先安排控制工期的关键工程，确保合同工期。

2）科学安排施工顺序

应在充分调查研究的基础上，遵循施工工艺规律、技术规律及安全生产规律，合理安排施工程序及施工顺序。

3）采用先进的技术和装备

采用国内外先进施工技术，科学地确定施工方案。积极采用新材料、新设备、新工艺和新技术，努力提高建设产品质量水平。充分利用现有机械设备，扩大机械化施工范围，提高机械化程度，改善劳动条件，提高机械使用效率。

4）合理布置施工平面图

尽量减少临时工程和施工用地，利用正式工程、原有或就近已有设施，做到暂设工程与既有设施、正式工程相结合。同时，要注意因地制宜，就地取材，以求尽量减少消耗，降低生产成本，实现文明施工。

5）制订合理的施工组织方案

充分利用时间和空间，合理安排施工顺序，采用流水施工方法、网络计划技术安排施工进度计划，科学安排冬、雨期项目施工，保证施工能连续、均衡、有节奏地进行。

3.3.2 施工组织设计的编制依据

1）建设地区的工程勘察和技术经济资料

建设地区的工程勘察和技术经济资料主要包括:地质、地形、气象、地下水位、地形图、地区条件以及测量控制网等。

2）计划文件

计划文件主要是指国家批准的基本建设计划、工程项目一览表、分期分批投资的期限、投资指标、管理部门的批件及施工任务书等。

3）建设文件

建设文件施工组织总设计一般应依据批准的初步设计或技术设计、已批准的总概算计划文件等,单位工程施工组织设计则应依据本工程的全部施工图以及所需的标准图以及详细的分部、分项工程量。

4）工期要求

工期要求包括本工程开竣工时间的规定和工期要求,以及与其他项目穿插施工的要求等。

在编制单位工程施工组织设计时还必须考虑:国家及建设地区现行的有关规范、规程、规定及定额;有关技术新成果和类似工程的经验资料等。

3.3.3 施工组织设计的编制程序

施工组织设计编制程序,如图3-3所示。具体要求及说明如下：

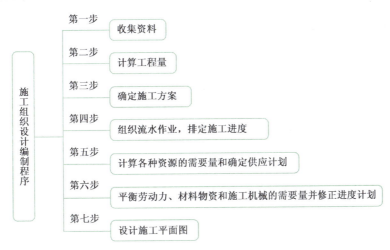

图 3-3　施工组织设计编制程序

1）计算工程量

通常可以利用工程预算中的工程量。工程量计算准确,才能保证劳动力和资源需要量计算的正确和分层分段流水作业的合理组织,故工程必须根据图纸和较为准确的定额资料进行计算。如工程的分层段按流水作业方法施工时,工程量也应相应的分层分段计算。

2）确定施工方案

如果施工组织总设计已有原则规定,则该项工作的任务就是进一步具体化,否则应全面加以考虑。需要特别加以研究的是主要分部、分项工程的施工方法和施工机械的选择,因为它对整个单位工程的施工具有决定性的作用。具体施工顺序的安排和流水段的划分,也是需要考虑的重点。

3)组织流水作业,排定施工进度

根据流水作业的基本原理,按照工期要求、工作面的情况、工程结构对分层分段的影响以及其他因素,组织流水作业,决定劳动力和机械的具体需要量以及各工序的作业时间,编制网络计划,并按工作日排出施工进度。

4)计算各种资源的需要量和确定供应计划

依据采用的劳动定额和工程量及进度可以决定劳动量(以工日为单位)和每日的工人需要量。依据有关定额和工程量及进度,就可以计算确定材料和加工预制品的主要种类和数量及其供应计划。

5)平衡劳动力、材料物资和施工机械的需要量并修正进度计划

根据对劳动力和材料物资的计算就可绘制出相应的曲线以检查其平衡状况。如果发现有过大的高峰或低谷,即应将进度计划作适当的调整与修改,使其尽可能趋于平衡,以便使劳动力的利用和物资的供应更为合理。

6)设计施工平面图

施工平面图应使生产要素在空间上的位置合理、互不干扰,能加快施工进度。

3.3.4 施工总体部署

施工部署是对整个建设项目全局的统筹规划和全面安排,主要解决影响建设项目全局的重大施工问题。由于建设项目的性质、规模和施工条件等不同,施工部署的内容也不尽相同,其内容主要包括:确定工程开工顺序、拟定主要工程施工方案、明确施工任务划分与组织安排、编制施工准备工作计划等。

1)确定工程开工顺序

对于大型工程项目,一般要根据建设项目总目标的要求,分期分批建设,至于分几期施工及各期工程包含的项目,则要根据施工工艺要求、工程规模大小、施工难易程度、资金、技术等情况,由建设单位和施工单位研究确定。

2)拟定主要工程实施方案

拟定主要工程实施方案的目的是为了进行技术和资源的准备工作,同时也为了施工顺利进行和现场的合理布局。其内容主要包括:

①确定施工方法。

②确定施工工艺流程。

③选择施工机械设备。

3)明确施工任务划分与组织安排

在明确施工项目体制、机构的条件下,划分各参与施工单位的施工任务,明确总包与分包单位的关系,建立施工现场统一组织领导机构及职能部门,确定综合的和专业的施工组织,明确各施工单位之间的分工协作关系,划分施工阶段,确定各施工单位分期分批的主导施工项目和穿插施工项目。

4)编制施工准备工作计划

明确施工准备工作的内容、负责人和完成期限,并编制施工准备工作计划。施工准备计划主要包括:

①材料准备。

②机械设备、检测试验仪器准备。

③技术准备。

3.3.5 制订施工方案

施工方案是根据一个施工项目指定的实施方案。施工方案包括的内容很多,主要有:施工方法的确定、施工机具和设备的选择、施工顺序的安排、科学的施工组织、合理的施工进度、现场的平面布置及各种技术措施。施工方案前两项属于施工技术问题,后四项属于科学施工组织和管理问题。

1)确定施工方法

施工方法是施工方案的核心内容,具有决定性作用。施工方法一经确定,机具设备的选择就只能以满足它的要求为基本依据,施工组织也是在这个基础上进行。

2)选择施工机械

正确拟订施工方案和选择施工机械是合理组织施工的关键,二者又有相互紧密的联系。施工方法在技术上必须满足保证施工质量、提高劳动生产率、加快施工进度及充分利用机械的要求,做到技术上先进,经济上合理;而正确地选择施工机械能使施工方法更为先进、合理、经济。因此施工机械选择的好与坏很大程度上决定了施工方案的优劣。

3)施工组织

施工组织是研究施工项目施工过程中各种资源合理组织的科学。施工项目是通过施工活动完成的,进行这种活动需要有大量的各种各样的建筑材料,施工机械、机具和具有一定生产经验和劳动技能的劳动者,并且要把这些资源,按照施工技术规律与组织规律,以及设计文件的要求,在空间上按照一定的位置,在时间上按照先后顺序,在数量上按照不同的比例,将他们合理地组织起来,让劳动者在统一的指挥下行动,由不同的劳动者运用不同的机具以不同的方式对不同的建筑材料进行加工。

4)安排施工顺序

施工顺序安排是编制施工方案的重要内容之一,施工顺序安排得好,可以加快施工进度,减少人工和机械的停歇时间,并能充分利用工作面,避免施工干扰,达到均衡、连续的施工,实现科学组织施工,做到不增加资源,加快工期,降低施工成本。

5) 现场平面布置

科学的布置现场可使施工机械、材料减少工地二次搬运和频繁移动施工机械产生的费用,可节省现场搬运的费用。

6) 技术组织措施

技术组织是保证选择的施工方案实施的措施。它包括加快施工进度,保证工程质量和施工安全,降低施工成本的各种技术措施。如采用新材料、新工艺、先进技术,建立安全质量保证体系及责任制,编写工序作业指导书,实行标准化作业,采用网络技术编制施工进度等。

3.3.6　施工进度计划的编制

施工进度计划是表示各项工程(单位工程、分部工程或分项工程)的施工顺序、开始和结束时间以及相互衔接关系的计划。它既是承包单位进行现场施工管理的核心指导文件,也是监理工程师实施进度控制的依据。施工进度计划通常是按工程对象编制的。

1) 施工总进度计划的编制

施工总进度计划一般是建设工程项目的施工进度计划。它是用来确定建设工程项目中所包含的各单位工程的施工顺序、施工时间及相互衔接关系的计划。

编制施工总进度计划的依据:施工总方案,资源供应条件,各类定额资料,合同文件,工程项目建设总进度计划,工程动用时间目标,建设地区自然条件及有关技术经济资料等。

施工总进度计划的编制步骤和方法如下:

(1) 计算工程量来源

根据批准的工程项目一览表,按单位工程分别计算其主要实物工程量,工程量只需粗略地计算即可。工程量的计算可按初步设计(或扩大初步设计)图纸和有关额定手册或资料进行。

(2) 确定各单位工程的施工期限

各单位工程的施工期限应根据合同工期确定,同时还要考虑建筑类型、结构特征、施工方法、施工管理水平、施工机械化程度及施工现场条件等因素。

(3) 确定各单位工程的开竣工时间和相互搭接关系

确定各单位工程的开竣工时间和相互搭接关系主要应考虑以下几点:

①同一时期施工的项目不宜过多,以避免人力、物力过于分散。

②尽量做到均衡施工,以使劳动力、施工机械和主要材料的供应在整个工期范围内达到均衡。

③尽量提前建设可供工程施工使用的永久性工程,以节省临时工程费用。

④急需和关键的工程先施工,以保证工程项目如期交工。对于某些技术复杂、施工周期较长、施工困难较多的工程,亦应安排提前施工,以利于整个工程项目按期交付使用。

⑤施工顺序必须与主要生产系统投入生产的先后次序相吻合。同时还要安排好配套工程的施工时间,以保证建成的工程能迅速投入生产或交付使用。

⑥应注意季节对施工顺序的影响,使施工季节不导致工期拖延,不影响工程质量。

⑦安排一部分附属工程或零星项目作为后备项目,用以调整主要项目的施工进度。

⑧注意主要工种和主要施工机械能连续施工。

(4) 编制初步施工总进度计划

施工总进度计划应安排全工地性的流水作业。全工地性的流水作业安排应以工程量大、工期长的单位工程为主导,组织若干条流水线,并以此带动其他工程。施工总进度计划既可以用横道图表示,也可以用网络图表示。

(5) 编制正式施工总进度计划

初步施工总进度计划编制完成后,要对其进行检查。主要是检查总工期是否符合要求,资源使用是否均衡且其供应是否能得到保证。

2) 单位工程施工进度计划的编制

单位工程施工进度计划是在既定施工方案的基础上,根据规定的工期和各种资源供应条件,对单位工程中的各分部分项工程的施工顺序、施工起止时间及衔接关系进行合理安排的计划。

(1) 单位工程施工进度计划编制的依据

单位工程施工进度计划编制的主要依据:

①施工总进度计划。

②单位工程施工方案。

③合同工期或定额工期。

④施工定额。

⑤施工图和施工预算。

⑥施工现场条件。

⑦资源供应条件。

⑧气象资料等。

(2) 单位工程施工进度计划编制的程序和方法

单位工程施工进度计划的编制程序和方法如下:

①划分工作项目。工作项目是包括一定工作内容的施工过程,它是施工进度计划的基本组成单元。工作项目内容的多少、划分的粗细程度,应该根据计划的需要来决定。

②确定施工顺序。确定施工顺序是为了按照施工的技术规律和合理的组织关系,解决各工作项目之间在时间上的先后和搭接问题,以达到保证质量、安全施工、充分利用空间、争取时间、实现合理安排工期的目的。

(3) 计算工程量

工程量的计算应根据施工图和工程量计算规则,针对所划分的每一个工作项目进行。当编制施工进度计划时已有预算文件,且工作项目的划分与施工进度计划一致时,可以直接套用施工预算的工程量,不必重新计算。若某些项目有出入,但出入不大时,应结合工程的实际情况进行某些必要的调整。

(4)计算劳动量和机械台班数

根据工作项目的工程量和所采用的定额,计算出各工作项目所需要的劳动量和机械台班数。零星项目所需要的劳动量可结合实际情况,根据承包单位的经验进行估算。

(5)确定工作项目的持续时间

确定施工过程持续时间的方法一般有三种方法:

①根据配备劳动量和机械台班数计算持续时间。

②根据经验估算持续时间。

③根据要求工期倒排施工进度。

(6)绘制施工进度计划图

绘制施工进度计划图,首先应选择施工进度计划的表达形式。目前,常用来表达建设工程施工进度计划的方法有横道图和网络图两种形式。横道图比较简单,而且非常直观,多年来被人们广泛地用于表达施工进度计划,并以此作为控制工程进度的主要依据。但是,采用横道图控制工程进度具有一定的局限性。随着电子计算机的广泛应用,网络计划技术日益受到人们的青睐。

(7)施工进度计划的检查与调整

当施工进度计划初始方案编制好后,需要对其进行检查与调整,以便使进度计划更加合理,进度计划检查的主要内容包括:

①各工作项目的施工顺序、平行搭接和技术间歇是否合理。

②总工期是否满足合同规定。

③主要工种的工人是否能满足连续、均衡施工的要求。

④主要机具、材料等的利用是否均衡和充分。

在上述四个方面中,首要的是前两方面的检查,如果不满足要求,必须进行调整。只有在前两个方面均达到要求的前提下,才能进行后两个方面的检查与调整。前者是解决可行与否的问题,而后者则是优化的问题。

3)施工进度图

以隧道施工为例,介绍施工进度图的形式。

隧道施工进度计划一般采用隧道施工进度图来表示。隧道施工进度图有横道图、垂直图和网络图三种形式。

(1)横道图

①横道图结构。隧道施工进度横道图,如图3-4所示,一般由两大部分组成:

a.左边部分是以分项工程为主要内容的表格,包括:序号、工程项目、单位、工程数量、定额、劳动量(完成相应工程量所需的工日数)、工期(开始、结束时间)等。

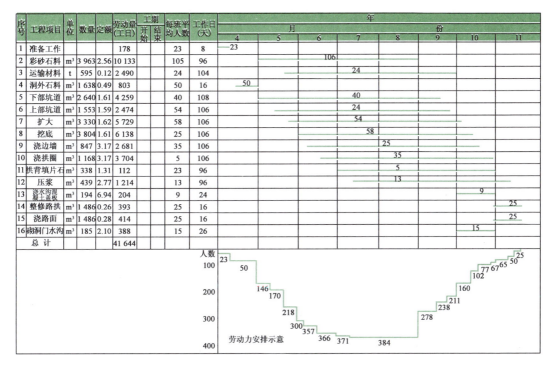

图 3-4　隧道施工进度横道图

b. 右边部分指示图标,用横向线条形象地表明分部、分项工程的进度。横线的位置表示隧道施工过程,横线上的数字表示劳动力数量,横线长度表示隧道各施工阶段的工期和总工期,横线不同的符号表示作业队(组)或施工段,并综合反映各分部分项工程相互间的关系。可采用此图进行资源综合平衡。

②横道图特点:

a. 优点是直观、易懂、易制。

b. 缺点是分项工程间关系不明确;施工日期地点无法表示;工程量实际分布不具体,工程数量无法表示;仅反映平均流水速度。

③横道图适用范围。横道图表示方法适用于绘制集中性的工程进度图、材料供应计划图或作为辅助图附在说明书中向隧道施工单位下达任务。

④横道图绘制:

a. 绘制空白图表。

b. 根据设计图纸、施工方法、定额、概预算进行列项,并按顺序填入图表工程名称栏内。

c. 逐项计算工程量。

d. 逐项选定定额,将编号填入图表。

e. 计算劳动量。

f. 按施工力量和作业班制计算施工周期并填表。

g. 依施工周期安排施工进度日期、开竣工日期并填入图表绘制进度图。

h. 绘制劳动力曲线图。

i. 反复调整与平衡,最后选择最优方案。

（2）垂直图

①垂直图结构。隧道施工进度垂直图,如图 3-5 所示,一般用坐标图的形式绘制。

以横坐标表示隧道长度(以百米标表示里程),以纵坐标表示施工年月(日),用各种不同的线形代表各项不同的工序。每一条斜线都反映某一工序的计划进度情况,开工计划日期和完工计划日期,某一具体日期进行到哪一里程位置以及计划的施工速度(月进度)。

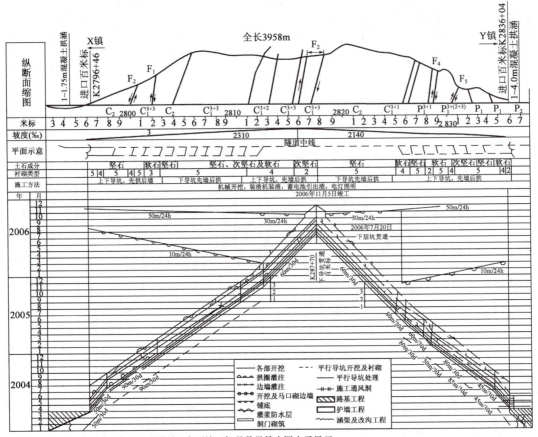

图 3-5 隧道施工进度垂直图

各斜线的水平方向间隔表示各工序的距离,其竖直方向间隔表示各工序的拉开时间。各工序均衡推进表示在进度图上为各斜线的相互平行。

②垂直图特点：

a. 优点是工程项目的关系、施工速度一目了然,在图中可找出任何一天各施工队的地点及完成的工程量。

b. 缺点是不能反映某项目的提前或推迟对整个工程工期的影响;反映不出主要工程,关键工程;计划优劣不易评价;不能使用计算机。

③垂直图适用范围:

垂直图适用于线形工程。

④垂直图绘制:

对于线形工程,施工方法确定后,可绘制垂直施工进度图。

a. 绘制图表轮廓:将项目及项目工程量按相应里程绘于图的上方。

b. 根据工程的开竣工日历,将进度日历绘于图左的纵坐标上。

c. 将里程及工程的空间组织,即施工平面图绘于图的下方。

d. 进行列项,计算劳动量、周期、劳力人数、机械台数。一般可先算好,并与图结合,反复平衡优化。

e. 按已计算好的施工周期,分别以不同的符号绘出进度线,并按紧凑的原则,使各进度线相对移至最佳位置。

f. 调整、平衡使进度图合理。

(3) 网络图

隧道施工具有较强的循环性,在每一循环中,各项工作平行作业,网络图上工程主次清晰,可一目了然地找出"交接准备"到"放炮通风"的关键线路,便于保证主要关键人力和物力的供应。同时,对次要线路上的工作也能掌握,避免导致因未完成次要作业而影响关键线路上的作业进程。整个循环作业过程有条不紊,以保证整个循环作业顺利进行。

采用网络图形式进行隧道施工工序分析,既能反映施工进度,又能反映各工序和各施工项目相互关联相互制约的关系。可采用网络图表示隧道施工中集型工程或线形工程的进度,还可以通过计算机对施工计划进行优化,是一种比较先进的施工进度图表示形式。

网络图的具体表示形式,详细见本教材第五章。

3.3.7 资源需求计划的编制

施工方案确定后,施工顺序、施工方法、作业组织形式也就确定了。施工进度安排确定之后,为了保证施工进度的实现,应编制资源需求计划,以避免停工待料对施工进度产生影响。

1) 劳动力需要量计划

劳动力需要量计划,主要是作为安排劳动力的平衡、调配和衡量劳动力耗用的指标和安排生活福利设施的依据,其编制方法是将施工进度计划表内所列各施工过程每天(或旬、月)所需工人人数按工种汇总而得。具体形式见表3-2。

2) 主要材料需要量计划

主要材料需要量计划,是备料、供料和确定仓库或堆场面积及组织运输的依据。其编制方法是将施工进度计划表中各施工过程的工程量,按材料品种、规格、数量、使用时间计算汇总而得。具体形式见表3-3。

劳动力需用量计划　　　　　　　　　　　　　　　表 3-2

序 号	工程名称	人 数	×月			×月			×月	
			上旬	中旬	下旬	上旬	中旬	下旬	上旬	…

主要材料需用量计划　　　　　　　　　　　　　　表 3-3

序 号	材料名称	规 格	需 用 量		需 要 时 间				
					×月			×月	
			单位	数量	上旬	中旬	下旬	上旬	…

3) 构件和半成品需要量计划

建筑结构构件、配件和其他加工半成品的需要量计划主要用于落实加工订货单位,并按照所需规格、数量、时间,组织加工、运输和确定仓库或堆场面积,可根据施工图和施工进度计划编制。具体形式见表 3-4。

构件和半成品需用量计划　　　　　　　　　　　表 3-4

序号	品名	规格	图号	需用量		使用部位	加工单位	供应日期	备注
				单位	数量				

4) 施工机械需要量计划

施工机械需要量计划主要用于确定施工机械的类型、数量、进场时间,可据此落实施工机械来源、组织进场。其编制方法是将单位工程施工进度表中的每一个施工过程及每天所需的机械类型、数量和施工日期进行汇总,即得施工机械需要量计划。具体形式见表 3-5。

施工机械需用量计划　　　　　　　　　　　　　表 3-5

序 号	机械名称	类型型号	需用量		货 源	使用起止时间	备 注
			单 位	数量			

3.3.8 施工现场平面布置图

以铁路桥涵施工为例介绍施工现场平面布置图。

1) 施工现场平面布置图的主要内容

（1）原有、拟建、拆迁地物

施工平面图上要标出购（租）地界内及附近已有的和拟建的地上、地下建筑物及其他附着物的位置和主要尺寸，并标出需要拆迁的建筑物及需要占用的农田等，以及需要拆迁的建筑物在施工期间是否可供使用，还要标出拟建线路及桥墩台位置、里程等。

（2）施工区段划分

对有两个及以上施工单位施工的大桥、特大桥或成组桥涵，应标出各自施工范围。

（3）既有线和设计线

对既有线改造或新增第二线桥涵工程，标明既有线位置、里程及既有线和设计线的关系。

（4）为施工服务的临时设施的布置

①各种运输道路及临时便桥。

②临时办公和生活用房。

③各种加工厂、混凝土成品厂及机械站、混凝土搅拌站。

④各种材料、半成品、成品仓库。

⑤大堆料堆放点及机械设备设置点。

⑥临时供电、供水、蒸汽及压缩空气站及其管线和通信线路。

⑦车库、油库等用房。

⑧安全及防火设施。

（5）取土和弃土位置

取土和弃土位置如果远离施工现场，在场地布置图上无法标注时，可另加说明。

2) 施工现场平面布置注意事项

①合理利用桥涵地界内施工场地，尽量减少占地、拆迁。

②进行分期施工场地布置时，要符合施工顺序。

③各种加工厂、仓库、混凝土搅拌站、大堆料堆放点等，应尽量靠近施工点，而且不与施工发生干扰。

④有条件的地方，运输工具的出入口应尽量分开，使场内外运输互不干扰。

⑤合理布置场内水、电、气、电缆等各种管线，避免与施工发生干扰。

⑥临时性修建费用力求最低。

⑦临时房屋及设施力求符合劳动保护、技术安全和防火规范的要求。

⑧应保证整个施工期间不被水淹。

3) 绘制施工现场平面布置图

按施工过程设置的内容和场地布置注意事项，在 1∶500～1∶2000 桥址地形图上用各种符号、图示或文字，在选择的场地上标示出来，并对各种符号、图示及施工场地布置的重点加以说明。

某中桥立面及平面图,如图 3-6 所示。施工现场平面图,如图 3-7 所示。

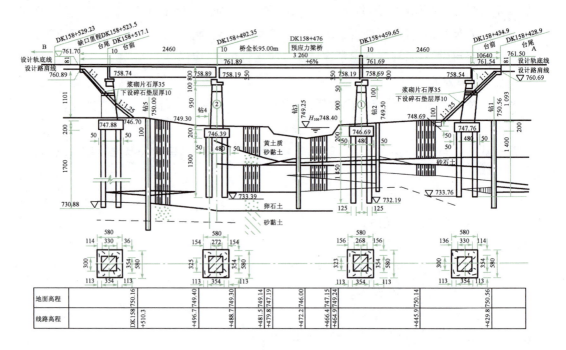

图 3-6　某中桥立面及平面图

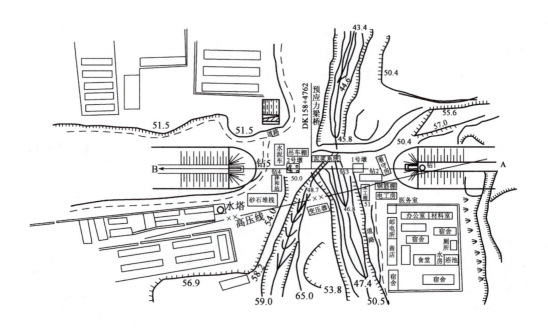

图 3-7　施工现场平面图

3.3.9 施工组织设计实例

太中银铁路无定河特大桥冬期施工组织设计

1）工程概况

（1）工程简介

该桥位于陕西省绥德县辛店乡，跨越经过辛店村、刘家湾村、五里店村的无定河，桥梁中心里程为 DK260+407.55，桥全长 2046m，为双线桥。其中该桥三次跨越无定河，施工难度大。场地内分布的地层种类主要有新黄土、圆砾土、粉砂、细砂和砂岩。按历年当地气象资料，我标段冬期施工工期为 2007 年 11 月 10 日至 2008 年 3 月 1 日，历时 110 日历工天。冻结深度 1.2m。

（2）现场情况

目前，已经进入冬期施工，我标段特大桥已征地拆迁部分主体工程已基本完工。部分由于拆迁工作进展缓慢，暂时尚不具备开工条件。由于该桥三次跨越无定河，既要避开雨季，又不影响施工进度，所以我标段冬季施工重点放在跨河部分桥墩基础的施工上。为保证工程施工的正常进行，消除质量隐患，确保工程质量、工程安全，制订冬期施工措施。

2）编制原则

①根据《铁路施工手册》中的"冬期施工"的有关规定。

②根据《铁路混凝土与砌体工程施工规范》(TB 10210—2001)的有关规定。

③根据太中银铁路公司《关于加强冬季施工管理通知》的有关规定。

④其他项目的冬季施工管理中的相应规范。

3）施工准备

当工地昼夜日平均气温连续（最高和最低气温的平均值或当地时间 6 时、14 时及 21 时室外气温的平均值）3d 低于 5℃或最低气温低于 -3℃时，按冬期施工办理。

我标段结合现场实际情况，组织人力、物力做好冬期施工的准备工作，并制订冬期施工组织措施：

①冬期施工重点为桥墩基础开挖和灌注，施工中必须有防寒措施，并购置棉衣、棉帽、棉鞋等防寒用品。水中桥墩基础施工时，必须及时排出地下水，基坑中工作人员应穿雨鞋并保证地下水和孔壁渗水不直接和人身体接触。对于有地下水的孔桩和基坑，必须边排水边开挖，基础工作区内应有防寒、保温设施，保证基础施工安全，并及时收集气象预报资料，防止天气骤然变化。

②提前做好混凝土的冬期施工配合比的试配试验，添置测温计，混凝土试块标准养护室补充必要的控温器具，做好混凝土冬期施工的测温记录。由专人负责掌握天气预报工作，及时收集气象预报资料，并及时与施工现场负责人联系，以便采取必要的防护措施，防止寒流突然袭击。

③做好冬期施工器材和材料的准备工作,保温用塑料布、草帘子要根据施工进度及工程用量提前进场。现场用混凝土输送泵及混凝土输送管道要用草帘子包裹保温,包裹厚度不少于三层。现场施工用水管道应埋深于地面以下不少于50cm。现场要根据工程实际情况搭设暖棚,备好热源,易遭冻害的材料应放入室内,办公室、食堂、工人宿舍应达到足够的保温条件。各项设施和材料提前采取防雪、防冻等措施;制订冬期施工的防火、防冻、防煤气中毒等安全措施;保障冬期施工顺利进行。

4)冬期施工措施

(1)挖孔桩冬期施工

①施工安排。根据五里店无定河特大桥冬期施工安排,冬季基础施工主要为14号墩~17号墩基础和20号、21号、38号、39号、52号、53号水中桥墩墩基础。11月中旬以后无定河水流速趋缓且尚未结冰,施工重点放在水中桥墩基础的施工中,计划在2007年10月20日开始开挖水中桥墩基坑,水中墩孔桩在12月1日前完成挖孔,如果能在近期拆迁,于2008年1月20日前完成所有墩孔桩工程,2008年3月份进行灌筑混凝土。

②施工措施:

a. 基础施工前,应将场地进行平整,场地平整度必须小于5%,对有影响施工的障碍物及积雪要全部清理干净,以免影响施工。设备进场后,临时防滑设施、施工冬期用水管道防冻措施、用电防火措施均应按冬期要求到位。

b. 水中墩筑岛围堰:为保证围堰不致被洪水冲毁,围堰外侧用石块填筑而成,用8号铁丝制作铁丝笼,将石块装入准备好的铁丝笼内。筑堰时,按预定位置将每袋石块分层错列堆码整齐,形成内外两层墙垛,围堰顶宽2.2m,芯墙宽0.7m,围堰外边坡采用1:0.8。堰底内侧坡脚距基坑顶缘距离不应小于1m,同时应满足施工人员的工作平面及小型机具的堆放面积。填筑前应彻底清理堰底杂物,保证堆码防滑稳定。

c. 孔桩开挖措施:冬期孔桩开挖必须有切实可行的防寒和保温措施,孔内工作人员必须有足够的防寒装备。孔内如有地下水必须随施工随抽水,孔内水必须保证人员能够施工为标准,孔壁渗水不能直接与人体接触。挖孔过程中每个井口需排水和用鼓风机通风,将孔内的积水及时排出,同时将新鲜空气送入孔内。水泵绝缘性能必须完好,电缆不能漏电,并经常检查电缆。

d. 防寒保温措施:为保证桥墩基础施工工作区内温度不致太低,孔桩开挖时在基坑四周搭设保温棚,保温棚四周生火炉取暖,为保证挖孔方便,保温棚高度为3.5m,用$\phi 45$架管搭设而成。由于孔桩施工需爆破开挖,钢管架必须搭设牢固。保温棚内侧用8号铁丝将竹架板绑扎于钢管架上,并在顶部设置用废旧轮胎做的防护垫以减小缓冲,保温棚外侧用篷布包裹以保证工作区内温度。施工过程中需注意安全并设置防火设施。

孔桩开挖具体措施:

第一步,技术桩位放样后经监理核实后方可进行施工。

第二步，首先清除地表杂物，整平并碾压密实。经技术人员测量、放线后，在桩位处挖土并安放混凝土井圈，下部施作20cm厚混凝土护壁，每开挖1m及时支护。

第三步，施作护壁注意事项：每开挖1m深立模灌筑混凝土一次，护壁厚20cm，护壁混凝土强度等级为C20。护壁内等间距布置8号铁丝，以增强混凝土黏结力。每个断面8号铁丝根数不得少于8根，灌筑护壁混凝土时将混凝土从模板上端入口处灌入。采用钢钎或插入式振捣器将混凝土捣固密实。护壁混凝土达到一定强度后方可拆模，继续开挖下一段桩孔。

第四步，孔桩开挖前地下水必须排出彻底，达到可开挖的要求，开挖过程中每个井口必须设置一台水泵及时将孔中渗水排出，保证开挖的正常进行。

第五步，为防止孔内渗水与人体直接接触，在每个开挖孔桩孔壁内用加厚塑料薄膜遮挡，随下挖随用塑料薄膜将孔壁覆盖，以便孔内渗水沿塑料薄膜流下并用水泵将水及时排出。塑料薄膜上端悬挂于混凝土井圈上，孔桩爆破时取出。

第六步，挖孔过程中经常检查孔内空气质量，并加强通风，随开挖随向孔内注入新鲜空气。

第七步，在开挖处设置更衣室，室内生火，保证被淋湿的人员能在温暖的环境休息更衣。

第八步，对于已挖好冬季不灌注的孔桩，水中孔桩采用井口覆盖上部，C15混凝土30cm进行封口以防发水将砂灌入孔中，对于陆地上孔桩用竹帛盖好并覆盖彩条布，彩条布上盖土，并做好警示牌，防止行人坠入，并派专门人员经常检查，及时处理外露井口，保证安全。

(2) 混凝土的冬期施工措施

混凝土冬期原则上不进行施工，以下措施作为备用：混凝土工程冬期施工整个施工过程的各个环节都要采取相应的保温、防冻、防风、防失水措施，尽量给混凝土创造室温养护环境，使混凝土能不断凝结、硬化、增长强度。早期混凝土强度的增长是抵抗冻害的关键。由于受气温的影响，混凝土强度的增长取决于水泥水化反应的结果，当气温低于5℃时，与常温相比，混凝土强度增长缓慢，养护28d的强度仅达60%左右，这时混凝土凝结时间要比15℃条件下延长近3倍，当温度持续下降低于0℃以下时，混凝土中的水开始结冰，其体积膨胀约9%，混凝土内部结构遭到破坏，强度损失。因此，冬期施工混凝土，使其受冻前尽快达到混凝土抗冻临界强度是至关重要的。为了给冬期浇筑混凝土创造一个正温养护环境，必须采取一系列措施，应从混凝土配合比的设计，原材料的加热，混凝土拌和、运输及浇筑过程的保温，养护期间的防风、供热等方面考虑。

①冬期施工的混凝土配制、拌和和运输：

a. 为减少、防止混凝土冻害，选用较小的水灰比和较低的坍落度，以减少拌和用水量，此时可适当提高水泥强度等级。当混凝土掺用防冻剂（外加剂）时，其试配强度较设计强度提高一个等级。

b. 拌和设备进行防寒处理，设置在温度不低于10℃暖棚内。拌制混凝土前及停止拌制后用热水洗刷拌和机滚筒。拌制混凝土时，砂石骨料的温度保持在0℃以上，拌和用水温度不低于5℃。必要时，先将拌和用水加热。当加热水不能满足拌和温度时，可再将骨料均匀加热。

c. 水及骨料按热工计算和实际试拌,确定满足混凝土浇筑需要的加热温度。

d. 水的加热温度不宜高于80℃。当骨料不加热时,水可加热至80℃以上,此时要先投入骨料和已加热的水进行搅拌均匀,再加水泥,以免水泥与热水直接接触。

e. 水泥不得直接加热,可以在使用前转运入暖棚内预热。

f. 混凝土的运输过程要快装快卸,不得中途转运或受阻,运送中覆盖保温防寒。当拌制的混凝土出现坍落度减小或发生速凝现象时,应进行重新调整拌和料堤的加热温度。

g. 混凝土拌和时间较常温施工延长50%左右,对于掺有外加剂的混凝土拌制时间应取常温拌制时间的1.5倍。混凝土卸出拌和机时的最高允许温度为40℃,低温早强混凝土的拌和温度不高于30℃。

h. 骨料不得带有冰雪和冻块以及易冻裂的物质,严格控制混凝土的配合比和坍落度,由骨料带入的水分以及外加剂溶液中的水分均应从拌和水中扣除。

i. 冬期施工运输混凝土拌和物时,尽量减少混凝土拌和物的热量损失。

②冬期灌筑混凝土:

a. 混凝土浇筑前,清除干净模板和钢筋上的冰雪和污垢,当环境气温低于-10℃时,采用暖棚法将直径大于25mm的钢筋加热至正温。

b. 混凝土的灌筑温度,在任何情况下均不低于5℃,混凝土分层连续灌筑,中途不间断,每层灌筑厚度不大于20cm,并采用机械捣固。

c. 新、旧混凝土施工缝的清理:

第一,施工缝处的水泥砂浆、松动石子或松弱混凝土必须凿除干净,并用水冲洗干净,但不得有积水。

第二,冬期施工接缝混凝土时,在新混凝土浇筑前对结合面进行加热使结合面有5℃以上的温度,浇筑完成后,及时加热养护使混凝土结合面保持正温,直至浇筑混凝土获得规定的抗冻强度。

第三,当旧混凝土面和外露钢筋暴露在冷空气中时,对新、旧混凝土施工缝1.5m范围内的混凝土和长度在1.0m范围内的外露钢筋进行防寒保温。

第四,混凝土采用机械捣固并分层连续浇筑,分层厚度不小于20cm。

d. 冬期施工的混凝土养护采用暖棚法和掺加防冻剂法。

第一,在构筑物周围用钢管搭设大棚,用彩条布包裹密封,大棚搭设必须牢固、不透风,上覆盖草袋(帘)。

第二,采用燃煤取暖炉加热,必须将炉的排气管引出棚外,将烟气排到棚外。以防止煤气中毒和氧化碳浓度过高加速混凝土的碳化。

第三,混凝土外露表面采用彩条布加草袋进行覆盖,在负温情况下不得浇水养护。

第四,混凝土养护初期的温度,不得低于防冻剂规定的温度,当达不到规定的温度且混凝土强度小于3.5MPa时,要采取保温措施,使混凝土温度不低于防冻剂规定的温度。

e.冬季施工混凝土质量检查:

第一,冬期混凝土质量检查除满足一般混凝土要求外还要满足下列要求。

第二,在混凝土拌制和灌注期间,测定水和粗细骨料装入搅拌机时的温度、混凝土的拌制温度、灌筑温度和环境温度。

(3)钢筋的冬季施工

①在负温条件下,钢筋的力学性能发生变化,屈服点和抗拉强度增加,伸长率和抗冲击韧性降低,脆性增加,加工性能下降。

②钢筋焊接尽量在室内进行,当必须在室外进行时,最低温度不宜低于−10℃,并应采取防雪挡风措施,减少焊接构件温度差,焊接后的接头严禁立刻接触冰雪。

③钢筋提前运入加工棚内,焊接完毕后的钢筋待完全冷却后才能搬运往室外。

④冬期电弧焊接时,有防雪、防风及保温措施,并选择韧性较好的焊条。

5)安全与防火措施

①加强冬季安全生产及现场防火的宣传教育,重点抓好防冻、防火、防毒、防爆、防触电、防高空坠落等工作,现场应张挂有关标牌、标语等做好宣传。

②抓好施工现场生活设施管理,改善职工生活条件,注意环境卫生,防止煤气中毒及食物中毒,严禁宿舍内乱拉、接电线取暖,保持文明施工。

③外加剂应放在仓库内妥善保管,设置标牌分类存放,严格领用手续。

④配制外加剂时,要戴好安全防护用品,注意室内通风保温,防止中毒,严禁使用施工用盐。

⑤严格实行防火责任制。做好消防设施的管理及消防人员培训,坚持用火申请制度,现场用火应先提出申请,经安全保卫处批准,按指定地点设置专人负责用火,严禁操作人员随意烤火。

⑥电焊作业地点设置防火屏障,附近不得堆放易燃、易爆物品。

⑦电气设备、开关箱应有防护罩,通电导线要整理架空,电线包布应进行全面检查,务必保持良好的绝缘效果。

⑧脚手架、脚手板有冰雪积留时,施工前应清除干净,有坡度的跳板应钉防滑条或铺草包,并随时检查架体有无松动及下沉现象,以便及时处理。

⑨高层作业必须用安全带,进入工地必须戴好安全帽,预留孔洞必须用盖板盖好。不准用芦苇、草包遮盖,以防失足跌落。冬期施工拆除脚手架应有围护警戒措施,严禁高空向下抛掷。

⑩经常移动的机具导线不得在地面上拖拉,不得浸放水中,应架空保持绝缘良好。

⑪工地临时水管应埋入土中或用草包等保温材料包扎,外抹纸筋。水箱存水,下班前应放尽。

⑫草包、草帘等保温材料不得堆放在露天,以免发生火灾或受潮失去保温效果。

6)质量目标、质量保证体系及措施

(1) 质量目标

建立健全严格的冬季质量保证和管理体系，按铁道部现行的工程质量验收标准和设计要求进行施工、检验，严格质量管理，保证每道工序受控，确保工程一次验收合格率达到100%。

(2) 质量保证体系及说明

①质量保证体系设立大桥冬期施工质量保证体系，成立以施工班长任组长，技术负责人任副组长的质量领导小组，负责全桥的质量领导工作，施工班组设兼职的质检员，以形成系统化的质量保证体系。

②质量管理制度落实责任管理：各级施工管理人员，试验、测温人员及班组长均应明确责任，认真贯彻落实冬期施工措施。做好技术交底：在每个分项施工前，项目技术负责人均应向班组做出书面交底，内容应包括冬期施工措施及外加剂的使用知识和方法，并监督实施。加强质量检查：各级人员要认真检查冬期施工措施的执行情况，项目技术负责人、各班组长要做好自检互检和交接检查，认真做好记录。抓好测温工作：项目技术负责人应绘制测温孔布置平面图，并向测温人员交代有关表格的填写内容及注意事项；测温人员应随时测定混凝土温度和各种构件的温度，并做好记录。做好试块管理：试块及构件在同条件下养护及保温的试块，按规定送交实验室做抗压试验。加强技术管理：各单位及单位工程应有专人做这项工作，做出全面冬期施工技术安全交底，加强检查，发现问题及时解决。

7) 安全目标、安全保证体系及措施

(1) 安全目标

在冬期施工过程中，严格坚持"安全第一，预防为主"的方针，以确保交通安全为重点，杜绝人身伤亡、机械大事故等一切责任事故的发生。

(2) 安全保证体系及说明

①安全保证体系坚持"安全生产、人人有责"，按"安全第一，预防为主"的原则组织施工生产。

②加强安全检查，坚持定期的安全检查制度。

③保证冬期施工安全的措施。

第一，做好冬期施工教育和安全交底工作。

第二，做好冬期施工的安全保卫工作。

第三，做好大雪大风及气温骤降的预报，大雪后要及时清扫现场积雪，路面等要进行防滑处理。风雪后要检查外架子、平台等，若有松动及时整修。

单元小结

本单元着重介绍了铁路及公路工程施工组织设计的概念、任务、基本内容、类型、编制原则、编制依据、编制程序、施工总体部署、制订施工方案、施工进度计划编制、资源需求计划编制、施工现场平面布置图等内容。

单元3　工程施工组织设计

通过本单元学习,结合施工企业中职层面毕业生的岗位设置和职业标准,使学生了解铁路及公路施工组织设计的任务、基本内容;熟悉施工组织总设计、单位工程施工组织设计、分部(分项)工程施工组织设计等施工组织设计的内容,熟悉施工总体部署;重点掌握铁路及公路施工组织设计的编制方法,会编制资源需求计划,会编制且能看懂施工横道图、垂直图、施工现场平面布置图。

阅读材料

合蚌客运专线施工组织设计多方案比选

铁路工程施工组织设计,是规划工程施工进度,指导和链接工程施工的重要战略性文件,是实现工程设计方案意图、编制工程设计预算的根据。因此,施工组织设计性文件必须具有科学性、经济性、合理性、严肃性和可行性。铁路客运专线具有技术标准高、施工工艺新、建设规模大和施工精度高等特点,所以客运专线施工组织设计更要体现严肃性和可行性,进行多方案的设计比选,从众多的设计方案中权衡利弊、系统分析、综合比较后选出较优的方案。下面就合蚌客运专线的施工组织设计,浅析施工组织设计多方案比选的重要性。

1)工程概况

合蚌客运专线位于安徽省,线路北起蚌埠高速站,南至既有合肥站,其间设水家湖站、新下塘集站、双墩集站,正线全长130.673km。合蚌线是设计速度目标值200km/h,预留300km/h,最小曲线半径5500m,采用无渣轨道、电力牵引的双线客运专线。

(1)交通运输情况

①公路。沿线公路网发达,主要有合徐高速公路、蚌宁高速公路、G206国道、S310省道、S207省道、S334省道、合水公路、水九公路等以及各村镇之间发达的乡村公路,正在建设的有合六高速公路、蚌淮高速公路。

②铁路。沿线铁路网较密,既有京沪线、水蚌线与待建京沪高速在蚌埠交汇,水蚌线、淮南线、阜淮线在水家湖交汇;既有淮南线、合九线、西宁线与在建沪汉蓉快速通道合武线、合宁线在合肥交汇。密集的铁路网为本工程的材料运输提供良好的条件。

③水运。工程范围内淮河(在蚌埠、淮南均有码头)及窑河为通航河流,其中淮河为三级航道,窑河为六级航道。蚌埠地区的工程用砂,基本来自明光市,利用淮河水运运输。

(2)沿线卫生防疫情况

经调查,本线沿途城市、乡镇卫生防疫情况良好。

(3)当地建筑材料分布及水源、电源、燃料等可资利用的情况

合蚌线沿线为平原地带,河流很少,当地用砂基本从淮南一带运来。沿线石料产地很少,需要从外地运入工地。沿线只有肥东县有采石场,生产花岗岩一级道渣,可考虑利用为本工程站场站线及联络线用渣,本工程正线需采用少量特级道渣,拟采用萧县采石场所产特级道渣,由铁路运输至工地。线路所经县乡镇均生产砖瓦,可就近供应。本工程沿线只有武店镇和刘府镇盛产石灰,可满足本工程用石灰需要。工程所在地属于淮河流域,沿线支流较多,均可就近取水。沿线附近电网属于华东电网,故本工程电力全部考虑由地方供应,重点工程电力引入考虑附近接电力高压线路。

2)施工组织方案设计比选

(1)工期概述

根据本段线路的方案研究,既有铁路车站、线路状况,以及全线重点工程布置和铺轨、架梁方案的选择情况,参照其他客运专线建设实践和建设工程定额要求,主要工程工期及进度安排为:施工准备按3个月考虑,

基础加固工程建设工期按 6 个月考虑,路基土石方工程建设工期按 6 个月考虑,路基工程预留 9 个月工后沉降时间,桥梁下部结构建设工程按 8～17 个月考虑,隧道综合进度按围岩级别不同分别按单口月成洞 60～150m 考虑,综合运、架简支箱梁进度按每台架梁机为 1.0～1.5 孔/天考虑,无渣轨道综合进度按 150～180 单线 m/日考虑,接触网挂网工程综合进度按 20km/月考虑。

(2) 施工组织设计方案比选

通过对线路设计方案的研究,根据本线的特点和情况,对本线路编制了三年、三年半、四年、四年半 4 个工期方案进行施工组织设计方案比选:

①方案 A:全线一次设计,同步建设,施工总工期为四年半(含调试期)。
②方案 B:全线一次设计,同步建设,施工总工期为四年(含调试期)。
③方案 C:全线一次设计,同步建设,施工总工期为三年半(含调试期)。
④方案 D:全线一次设计,同步建设,施工总工期为三年(含调试期)。

(3) 推荐方案的确定

通过综合分析比较,参照国内同类客运专线的建设经验,一致认为 B 方案工期相对较紧,增加工期措施费少,工期可控性较强,故推荐 B 方案。

(4) 推荐方案的可行性研究

由于修建本段客运专线的技术能力、施工能力已经基本成熟,参照近期铁路建设实际进度情况,适当调整了部分工程之间衔接预留时间,加强建设施工协调管理,提前做好征地、拆迁工作、备料工作、大型临时设施工程的建设工作,在资金能够及时到位情况下,该施工工期限能完成任务。该方案主要特点是工期较短、见效快。为保证建设工期,加快控制工程的进度,应主要在以下方面加强建设工程中的环节控制:

①拆迁工作的按时完成是保证工期的关键问题。

②路基工程:增加工作面和主要施工机械,下部和基床底层确保控制在第二年的雨期前完成,保证路基的沉降时间,满足工后沉降要求。

③桥梁工程:在轨道铺设及箱梁架设方向起始端的桥梁需根据铺架时间要求提前开工。桥梁下部工程增加作业面,压缩工期。

④隧道工程:隧道工程不是本工程控制工程,但应在土方施工完毕前完成隧道开挖任务,使隧道废渣能够全部利用,尽量减少工程投资。

⑤简支箱梁架设工程:全线简支箱梁架设任务很重,工期较为紧张,为保证工期,施工单位应在架设前精心做好架设计划,且架设应采用二班制,以确保架梁任务的完成。

⑥轨道工程:本线铺设无渣轨道工程量大,直接影响后续工程,箱梁架设完成的段落及时开设作业面,做好轨道板预制储备,合理安排设备,确保铺轨时间要求。钢轨铺设工程不是本工程控制工程。

⑦联合调试、试运行:联合调试、试运行的工期本身是不确定的,为此,联合调试应在站后各系统的制式选择、系统开发、设备招标、设备生产、运输、安装、培训等各环节加强控制管理。调试必须分段进行,待铺轨架网完成后再进行全线联调。

⑧管理方面:科学组织,处理好站前和站后工程交叉作业的干扰时间。

3) 结论

在客运专线施工组织设计中,一定要本着客观性、战略性、严肃性、可行性的指导思想,施工组织设计必需要随着设计阶段的深入相应地完善和进行调整,特别是在设计的前期阶段,一定要重视多方案比选,通过多方案进行综合比较、分析、权衡,只有这样,才能从众多的方案中选出最优的推荐方案,才能使施工组织设计真正做到客观、可行。

复习思考题

3-1 什么是施工组织设计？施工组织设计有哪些具体任务？

3-2 施工组织设计的内容是什么？

3-3 施工组织设计分为哪几类？各自主要用于什么工程？

3-4 如何编制施工组织设计？

3-5 比较分析施工进度横道图、垂直图、网络图。

3-6 阅读本单元施工组织设计实例"太中银铁路无定河特大桥冬期施工组织设计"，说明编制桥梁施工组织设计的程序。

单元 4　机械化施工组织设计

引子

机械化施工是根据工程状况采取一定的与工程状况相适应的组合机具,用以减轻或解放人工体力劳动而完成人力所难以完成的施工生产任务。

铁路及公路机械化施工组织设计就是在施工组织设计过程中,充分利用与施工工程相匹配的现代化施工机械,节约劳动力、降低工程成本、缩短工程工期、提高工程质量,为施工设计提供了更广更宽的创作空间,促进了工程施工社会化技术水平的提高和发展。

4.1　机械化施工组织设计内容及编制方法

4.1.1　机械化施工组织设计概述

1)机械化施工的意义

(1)机械化施工有利于降低工程成本

采用机械代替人工作业,不仅改善了劳动条件,降低了劳动强度,而且机械化施工工效是人工作业的几十倍甚至上百倍,如一台斗容 0.5 的挖掘机可替代 80~90 个工人的体力劳动;一台中型推土机的产出率相当于 100~200 个工人的产出率。显然,在充分体现速度效应的现代化生产条件下,合理组织机械化施工,充分发挥机械效用,这无疑对提高生产率,降低工程成本是十分有益的。特别是当前,由于施工机械的广泛运用,采用机械作业方式能够完成的施工任务越来越多,使许多施工项目实现了由过去的高成本、低产出向现代的低成本、高产出的转变,如土方装运、采用回旋钻机进行基础施工等。此外,随着综合机械化施工配套机械的不断完善,也使得施工过程中的机械使用费在工程造价中所占的比重越来越大,如土方工程占40%,混凝土工程占60%。在铁路及公路施工过程中,充分发挥施工机械快速、高效的优势,提高机械使用率,减少机械损耗,也是降低工程成本的一个重要方面,具有一定的现实意义。

(2)机械化施工大大缩短工程工期

施工进度的快慢主要取决于施工过程的施工能力的大小,增强施工能力又有赖于提高劳动生产率,而在现代铁路及公路建设过程中,提高劳动生产率最为有效的途径是采用科学化管理,机械化施工。显然,采用机械化施工也是缩短工期最为有效的方法。众多施工事实表明,过去像南京长江大桥一样的一座桥梁,需要近十年的时间才能完成,现在仅需要三年左右的时间即可完成,这也不可否认,桥梁施工机械化在缩短桥梁建造周期中起着极为重要的作用。

(3)机械化施工可提高工程质量

现代列车、汽车工业的飞速发展,促进了其行驶性能的不断提高,也对铁路、公路的使用功能提出了更高的要求。如果没有施工机械对劳动对象进行精密控制和施加有效作用,单靠人工是很难达到这些要求的。例如,公路的平整度是评价行车舒适感的主要指标,平整度越小,行车舒适感越好。为了适应现代汽车快速行驶的需要,这一指标值随着公路等级的提高而减小,特别是高等级公路,如果没有机械摊铺作业就很难达到这一规定的平整度质量标准,这也就意味着没有摊铺机就难以满足汽车高速行驶时的行车舒适性要求。同样,公路的强度是评价公路耐久性的指标之一,倘若没有压路机取代人工进行压实作业,公路路基、路面的强度就无法保证,更难以适应现代汽车运载量越来越大的变化,最终导致公路的耐久性较差,必将缩短公路的使用寿命。

(4) 机械化施工可优化社会资源,节约社会劳动力

在施工过程中,尽量采用机械化施工可以大幅度缩减劳动力的需求量,有利于整合、优化社会资源,刺激技术型劳动力的成长。

(5) 机械化施工使铁路及公路工程设计空间更为拓展

铁路及公路设计理论与方法的创新总是建立在具备一定的物质条件的基础上。不管设计采用什么方法,当具备了可行的技术手段和先进的劳动工具,特别是具有能够满足设计要求的相应机械设备时,新的设计意图才能得以实现。例如,没有满足设计要求的张拉设备,就没有悬臂拼装的施工工艺。而有了大吨位的架桥机,才使有水河流中采用装配法建造大跨径梁桥成为可能。由此可见,铁路及公路机械化施工还可拓展设计理论和方法的应用空间。

2) 机械化施工的作业方式与施工特点

机械化施工具有两种形式,即单机或综合机械化作业方式。无论以什么方式作业,机械化施工都具有以下施工特点:

①施工机械能够完成人力不及或具有一定风险性的施工作业。自然条件和施工条件虽然是影响机械化施工效果的关键因素,但在特殊的自然条件和施工环境中,人力达不到的质量要求或人工作业存在一定风险的施工任务,均可通过机械作业完成并可达到预期的效果。

②施工机械可从根本上改变劳动条件。只要有可能,采用机械化施工便可彻底改善劳动条件,提高生产力。

③施工机械可以大幅度提高劳动生产率。机械施工与人力劳动相比,其生产效率可提高几十倍甚至上百倍。

④施工机械具有机动灵活的特点,可以长时间连续作业。机械化作业的活动范围大,有效工作半径长,移动方便、迅速,可以针对作业量较大的施工任务长时间进行连续作业,还能适应流动性大的工程施工。

3) 机械化施工组织的作用

①进行机械化施工组织可合理利用机械设备的效能,提高机械设备的生产率,保证机械化施工作业的连续性和均衡性,降低成本,提高经济效益。

②通过机械化施工组织可充分挖掘机械设备的潜力,合理配置与整合机械资源,发挥施工机械设备在施工过程中的主导作用,保证工程质量和安全生产,达到规定的质量、安全和环保要求。

③采用安全可靠的机械化施工技术与组织措施,合理调配施工机械,可提高机械设备的利用率,调控并加快施工进度,达到合同工期要求。

④通过机械化施工组织,可了解各种施工机械的实际运行工况,合理保养和维修施工机械,提高机械设备完好率,保持施工机械处在连续、正常的作业状态,保证机械化施工的连续性,提高作业效益。

⑤开展机械化施工组织活动,有利于新工艺、新技术的推广,促进社会化生产技术水平的提高和发展。

4)机械化施工组织设计的任务

机械化施工组织是针对施工机械的充分、合理利用所展开的组织活动。机械化施工组织应与施工总进度计划保持一致性,并服从施工总进度计划的总体安排和要求。事实上,机械化施工组织是在合同段的施工全过程组织的基础上进行的,并与施工全过程组织相辅相成。在进行机械化施工组织时,首先应根据施工总进度计划中对各项施工任务的具体施工日程安排和施工方法的要求,确定施工过程各时段的机械设备供应计划。其次,在满足总进度计划的施工需要的前提下,以充分和合理利用施工机械设备为出发点,再对设备供应计划中的各种资源进行调整和优化,进而达到使施工机械均衡和连续生产的目的,力求最大限度地发挥施工机械的效能及作用。由此可见,施工组织设计的主要任务是:

①把握各种机械的性能和用途。

②确定在不同施工环境及施工方案下,保证施工机具的最佳配合。

③布置不同机具的临时用地与分部分项工程的机械平面组织设计。

④安排机械施工数量及调配计划。

⑤确定关键工程机械施工组织设计。

⑥合理安排机械化施工的进度计划。

⑦机械的润滑保养和施工进度协调统一。

5)机械化施工组织的影响因素

(1)机械完好率

机械需要经常维修和保养,使其处在正常的工作状态,才能保证施工的连续性,达到最大负荷运转。否则,进场的机械很多,可以利用的较少,部分机械即使可以勉强使用,又因机械故障频出导致机械作业断断续续。这样,不仅影响作业进度,同时也增加了许多随机的组织协调和调度工作。特别是综合化机械作业,当主导施工机械出现故障时,往往会导致多种配合机械的台班损失和浪费。可见,机械的完好率越高,保证施工过程处在正常状态的可能性就越大,就越有利于发挥机械效能,加快进度。

(2)自然条件

不同地区的气象特征不同,南北方温度差异很大。当施工地点的气温过低或气温与大气压过高时,均会影响施工机械的作业效率,降低生产率。故在机械化施工组织时,必须要考虑自然条件的影响。例如,土方施工时,当工点的地质、水文条件不良,或雨天泥泞等,会造成机械作业效率下降,必将减缓施工进度。此外,自然因素还会影响机械化施工任务的作业次序和时间,如北方严寒地区,沥青类路面一般必须在9月15日前完工,否则由于气温下降,无法保证路面的施工质量;南方地区在汛期到来之前最好完成桥梁下部施工的全部机械作业项目,否则将提高施工成本。

(3)施工方案及其配套机械

施工方案与配套机械是相辅相成的关系,确定施工方案有时以选择主导机械为主,在施工方案确定的情况下,配套机械选择又会受到施工方案的限制。为此,根据施工方案来选择施工机械时,配套机械在型号、功率、容积、长度等方面必须要达到施工方案的要求,同时各种机械也应配合适当,否则就会降低作业效率,影响工程质量和进度,甚至损耗机器或造成机械损失。可见,施工方案是机械化施工组织重点考虑的因素,也是机械选型匹配的重要依据。

(4)机械配套的合理性

在综合化作业过程中,如果工程主导机械的选择是正确合理的,能够持续稳定地进行施工作业,则其配套机械的好坏也会直接影响作业进度。因此,在机械化施工组织中,施工机械的选型与组合必须考虑:

①施工机械的技术性能应满足工程的技术标准要求。

②必须具有良好的工作性能。

③必须具有足够的工作稳定性及可靠性。

④尽量采用同厂家或品牌的配套机械,以保证最佳匹配和便于维修保养。

⑤为了充分发挥机械效能,保证工作效率,配套机械的匹配次数不宜过多。

⑥对配套机械必须定时定期的检修,不能因为一台机器故障,而使整个施工生产停工。

(5)机械操纵熟练程度

主导机械的驾驶人员操纵机械的熟练程度对施工过程和进度的影响是很大的,它决定着作业速度的快慢,也影响作业质量。若驾驶员技艺纯熟,施工速度快、产出高,施工质量也有保证。否则,进度慢,效率低。如低等级公路面层施工时,采用平地机进行整平作业,驾驶员的操作技能对摊铺质量和进度的影响就是非常明显的。显然,机械驾驶员操纵机械的熟练程度也是影响机械化施工组织作业工期的重要因素。

(6)耐用台班数与使用寿命

机械的耐用总台班是指机械设备从开始投入使用至报废前所使用的总台班数。使用寿命是在正常施工作业的条件下,在其耐用总台班内,按规定的大修次数划分的工作周期数。实用台班数量如果超过耐用总台班,则经济效益好,否则即差。在施工组织管理中,正确估价和计算现场机械的使用寿命和已用总台班,有利于合理处理闲置的台班数量,以保证施工现场机械的连续运转。否则,当机械已接近或达到使用寿命,使用完耐用总台班还在超负荷运转,就会出现现场停机或施工中断现象。

6)机械化施工组织与施工全过程组织的区别

机械化施工组织与施工生产过程组织是既有联系又有区别的两种不同的施工组织活动,二者区别如下:

(1)组织目的不同

机械化施工组织的主要依据是施工总进度计划,它是在服从总进度计划的施工组织安排的前提下,在满足总进度计划的统一要求的基础上,针对主要机具设备的供应计划所进行的资源整合和优化,其目的是:

①合理选用和配置各个施工环节的施工机械,充分发挥各种机械的效能。

②合理利用施工机械设备,充分发挥施工主导机械的作用,提高相应施工环节的生产率,加快关键工程等重要施工环节的作业进度。

③科学维护和保养施工机械设备,提高机械完好率,保持机械作业过程的正常工作状态,从而保证施工总进度计划的顺利实施。

④优化可供利用的设备资源,合理进行机械的组织和调配,提高机械的利用率,保证施工机械能够连续均衡地进行生产作业,避免机械损失和浪费,提高经济效益。显然,机械化施工组织仅仅是针对施工机械资源的合理配置和利用而进行的组织活动,且这些资源的配置及需求量是由施工总进度计划所决定的,而施工过程组织的目的是全过程、全方位地合理安排各项施工生产活动。

(2)组织对象不同

施工组织的对象是施工过程,如分部分项工程或半成品,而机械化施工组织的对象是完成这些施工过程(施工任务)所需配置的机械资源,即考虑机械资源配置的合理性、实效性和利用率。

(3)组织内容不同

施工组织的主要内容包括时间组织和空间组织两个方面。施工组织的成果是施工进度计划,它是遵循施工生产的客观规律,按照时间和工艺顺序,对施工全过程的各项生产活动及其施工资源作出的科学合理的计划安排;而机械化施工组织只是施工组织的一个组成部分,仅仅针对机械设备资源的优化利用而言。

(4)侧重点不同

施工组织强调生产活动计划的合理性;机械化施工组织设计强调机械资源利用的实效性。

4.1.2 机械化施工组织设计的内容

对于一个工程项目来讲,为了保证工程质量和进度,有时业主在招标文件中,针对施工过程中某些关键环节的主要机械设备配置提出一些具体的要求,如机械或设备的规格、型号及生产率等。通常承包商在进行机械化施工组织时,首先应满足招标文件或设计文件提出的要求。

其次,才能根据施工方案及施工总进度计划合理地进行机械化施工组织。具体内容如下:

1)机械化施工总体计划内容

①确定施工计划总工期。

②重点工程的机械施工方案和方法。

③机械化施工的步骤和操作规程,相关的机械管理人员。

④机械最佳配合,各季度计划台班数量。

⑤机械施工平面设置与机械占地布置。

⑥确定机械施工的总体进度计划。

2)机械化施工的分部分项工程计划内容

①分部分项工程日进度计划图表。

②工程项目机械配合施工的安排计划(施工方法及机械种类)。

③机械施工技术,安全保证措施。

④机械检修、保养计划和措施。

⑤机械的临时占地布置和现场平面组织措施。

4.1.3 机械化施工组织设计的特点

①机械化施工组织的宗旨是最大限度地保持机械作业的均衡性和连续性。

②机械化施工组织的重点是机械资源配置的合理性、实效性和利用率。

③与施工组织设计比较,组织内容单一。

④机械化施工组织具有从属性。即机械化施工组织是在施工总进度计划的基础上进行的,服从并从属于施工总进度计划的机械作业时间安排,它是为了总进度计划顺利实施而进行的组织活动。

⑤机械化施工组织以资源组织为主。施工组织主要以"计划组织"为主,需要安排各项生产活动的次序和时间,确定计划工期;机械化施工组织主要以"资源组织"为主,主要是合理配置各项施工活动的机械资源,解决机械设备资源的合理配置和有效利用问题。

4.1.4 机械化施工进度图表编制

1)确定主要机具、设备作业计划

主要机具、设备的供应计划反映了完成合同段的全部施工任务所需要的机种以及各机种的需要量、规格型号、作业开始及结束时间和各机种作业的延续时间。它是机械化施工组织的基础,也是优化设备资源,协调、调度和安排机械作业的依据。主要设备机具的供应计划根据施工总进度计划制订。

2)施工机械的横道图(垂直图)编制

①确定各机械施工工序的主导机械种类、功率。

②绘制一般工程施工进度横道图,但仅限于有机械施工的工序。

③将横道线上的数字用机械台班的数量代替。

④绘制机械台班分布图,并将分布图统计为详细计划表。

⑤合理确定配套机械的种类、功率。

3)管理曲线制作

①做好横道图计划复制件,并将机械施工工序的机械作业量计算出来,按累计方法计算累计时间段的累计量(可按机械成本总费用比例与机械数量比例两种方法累计)。

②在横道图上用累计百分比的方法标注纵坐标刻度,在横道图上用累计百分比的方法标注纵坐标刻度,以时间单位为横坐标刻度。

③按计算出来的累计量在图纸上标点,并用曲线连接形成S形曲线。

④当作出进度计划的曲线以后,随着实际日进度的完成,统计机械作业量并将累计量在图纸上标点,并用曲线逐点连接各点,看是否形成S形,并与计划S形曲线比较。

⑤时刻关注实际进度点与计划点的差异,作出书面报告及时汇报。

4.2 工程施工机械的种类

4.2.1 路基工程施工机械

1)施工机械种类

路基工程施工机械主要包括推土机、装载机、挖掘机、铲运机、平地机、压路机、凿岩机以及石料破碎和筛分设备,根据工程的作业要求,选择不同的机械设备。

2)根据作业内容配置施工机械

①对于清基和料场准备等路基施工前的准备工作,选择的机械与设备主要有推土机、挖掘机、装载机和平地机等;遇有沼泽地段的土方挖运任务,应选用湿地推土机。

②对于土方开挖工程,选择的机械与设备主要有推土机、铲运机、挖掘机、装载机和自卸汽车等。

③对于石方开挖工程,选择的机械与设备主要有挖掘机、推土机、移动式空气压缩机、凿岩机、爆破设备等。

④对于土石填筑工程,选择的机械与设备主要有推土机、铲运机、羊足碾、压路机、洒水车、平地机和自卸汽车等。

⑤对于路基整型工程,选择的机械与设备主要有平地机、推土机和挖掘机等。

4.2.2 桥梁工程施工机械

1)通用施工机械

①常用的有各类吊车、各类运输车辆和自卸车等。

②桥梁混凝土生产与运输机械,主要有混凝土搅拌站、混凝土运输车、混凝土泵和混凝土泵车。

2)下部施工机械

(1)预制桩施工机械

预制桩施工机械常用的有蒸汽打桩机、液压打桩机、振动沉拔桩机、静压沉桩机等。

(2)灌注桩施工机械

根据施工方法的不同配置不同的施工机械。

①全套管施工法:相应配置全套管钻机。

②旋转钻施工法:相应配置有钻杆旋转机和无钻杆旋转机(潜水钻机)。

③旋挖钻孔法:相应配置旋挖钻桩机。

④冲击钻孔法:相应配置冲击钻机。

⑤螺旋钻孔法:相应配置螺旋钻孔机。

3)上部施工机械

①顶推法:主要施工设备有油泵车、大吨位千斤顶、穿心式千斤顶、导向装置等。

②滑模施工方法:主要施工设备有滑移模架、卷扬机油泵、油缸、钢模板等。

③悬臂施工方法:主要施工设备有吊车、悬挂用专门设计的挂篮设备。

④预制吊装施工方法:主要施工设备有各类吊车或卷扬机、万能杆件、贝雷架等。

⑤满堂支架现浇法:主要施工设备有各类万能杆件、贝雷架和各类轻型钢管支架等。

另外,对海口大桥的施工需配置相应的专业施工设备,如打桩船、浮吊、搅拌船等。

4.2.3 隧道工程施工机械

由于隧道的类型不同,使用的施工机械也不相同,有的隧道用一般的土石方机械即可施工,有的隧道需专用施工机械,如使用全断面掘进机(TBM)、臂式掘进机(EPB)、液压冲击锤等。所以,根据施工方法的不同需配置不同的设备,这里主要介绍暗挖施工法的机械配置。

1)盾构法施工机械

盾构的形式多样,按开挖方式的不同,可分为手工挖掘式、半机械挖掘式、机械化挖掘三种;机械化盾构有多种形式,主要有刀盘式、行星轮式、铲斗式、钳爪式、铣削臂式和网格切割式。

2)钻爆开挖法施工机械

①钻孔机械:风动凿岩机、液压凿岩机、凿岩台车。

②装药台车。

③找顶及清底机械。

④初次支护机械:锚杆台车、混凝土喷射机、混凝土喷射机械手。

⑤注浆机械:钻孔机、注浆泵。

⑥装渣机械:轮胎式装载机、履带式装载机、扒爪式装岩机、耙斗式装岩机、铲斗式装岩机。

⑦运输机械:自卸汽车、矿车。

⑧二次支护衬砌机械:模板衬砌台车(混凝土搅拌站、搅拌运输车、混凝土输送泵)。

4.2.4 路面工程施工机械

1)机械配置

①基层材料的拌和设备:集中拌和(厂拌)采用成套的稳定土拌和设备,现场拌和(路拌)采用稳定土拌和机。

②摊铺平整机械:拌和料摊铺机、平地机、石屑或场料撒布车。

③装运机械:装载机和运输车辆。

④压实设备:压路机。

⑤清除设备和养生设备:清除车、洒水车。

2)沥青路面工程施工机械

(1)混凝土搅拌设备

根据工作量和工期选择生产能力和移动方式,一般生产能力要相当于摊铺能力的70%左右,高等级公路一般选用生产量高的强制间歇式沥青混凝土搅拌设备。

(2)沥青混凝土摊铺机

通常每台摊铺机的摊铺宽度不宜超过7.5m,可以按照摊铺宽度选用、确定摊铺机的台数;选择与调整摊铺机的参数,摊铺机参数包括结构参数和运行参数两大部分。

(3)沥青路面压实机

沥青路面的压实机械配置有光轮压路机、轮胎压路机和双轮双振动压路机。

3)水泥混凝土路面施工机械

(1)按施工工序配置施工机械

按施工工序配置施工机械,主要有混凝土搅拌楼、装载机、运输车、布料机、挖掘机、吊车、滑模摊铺机、整平梁、拉毛养生机、切缝机、洒水车等。

(2)按施工方法配置施工机械

①滑模式摊铺施工:

a. 水泥混凝土搅拌楼容量应满足滑模摊铺机施工速度1m/min的要求。

b. 高等级公路施工宜选配宽度为7.5~12.5m的大型滑模摊铺机。

c. 远距离运输宜选混凝土罐送车。

d. 可配备一台轮式挖掘机辅助布料。

②轨道式摊铺施工。除水泥混凝土生产和运输设备外,还要配备卸料机、摊铺机、振捣机、整平机、拉毛养生机等。

4.2.5 轨道工程施工机械化

机械化铺设普通轨道主要包括轨节组装、轨节运输、轨节铺设、铺渣整道等4个基本环节。

1)轨节组装

组装轨节的基地尽量设在铺轨起点站附近。在有两个或多个接轨点时,根据需要可同时设置几个基地,以进行多头铺轨。铺轨基地主要由轨节组装流水线、轨料存放区和卸料线、轨节存放区和装车线、机车走行线,以及与上述各部分有关的作业机具和设备等组成。

2)轨节运输

在铺设过程中轨节束必须从轨节运输列车逐渐向铺轨机移动,以不断向铺轨机供应轨节。为适应这一需要,必须用装有滚轮的特制平车。铁路新线很长时,轨节的运距很远。为节省滚轮平车,可仅在靠近铺轨前方的一段距离内才使用这种特制平车,而在大部分运程中则用普通平车。采用这种措施时,必须设置把轨节束从普通平车倒装到滚轮平车的换装站,也可不设换装站而把基地前移或在铺轨机后部使用龙门架倒装。

3) 轨节铺设

轨节重量较大,必须用铺轨机吊铺。铺轨机的类型很多,但作业相似,新线铺轨都是借助于这类机械的起重和移送装置,把轨节从铺轨机后的轨节车上(或从已把轨节滑入铺轨机内)起吊,移送到前悬臂下,下落就位,连接到已铺好的轨节上。每铺完一节轨节,铺轨机就前移一节距离,如此循环前进。美、英等国常在铺设新线时,先使用木枕和轻轨的轨节,然后再换铺钢筋混凝土枕和重型钢轨。换铺工程中采用铺轨列车,连续完成从拆除、收集旧轨到换铺新轨等作业。

在少量新线铺轨工程或既有线换轨工程中,也可使用龙门架铺轨机,它是把龙门架和平板车组合在一起工作的简易装置。龙门架行驶于临时铺设在路肩上的轻型小轨道上,用来铺设装载在平板车上的轨节(轨节平板车从附近小型基地用轨道车推送到龙门架后端)。每铺设一段,小轨道就用人力向前移一段距离,交替前进。这种铺设方法设备简单,使用方便,但效率较低。

4) 铺渣整道

轨节本应铺设在预先铺好并经夯实的道床上,但是由于每公里铁路的道渣需要量大(每公里约达 2000m^3),必须使用铁路本身运送,方能降低运费和缩短工期。因此,一般都是先用其他运输工具,只铺数量较少的底层(甚至只是轨条下两条渣带),在铺轨后再加速利用列车补齐全部道渣。

铺渣工作包括运渣、卸渣、布渣、起道、拨道、捣固、道床整形等多项作业。其中运、卸渣作业多用专用自动卸渣车进行。其余作业,各国多采用具有综合工作性能的铺渣机施工。中国还没有定型的铺渣机械,但设计、试制、试用的机型已不少。在中国,铺渣工程主要还是应用各种养路机械,如起道机、道渣整形机、捣固机等(见轨道养护)。

铺轨工程在铁路新线建设的施工总体组织中具有十分重要的位置。新线一经铺轨,就能利用列车在施工过程中负担大部分工程运输,也能很快开办临时客货运业务,为加速施工和尽早促进沿线地区经济开发创造了有利条件。铺轨工期的安排,又是确定新线所有其他基本工程项目工期的依据。

4.3 施工机械的选型与配套

4.3.1 施工机械选型与配套的基本要求

1) 施工机械选择的一般原则

(1) 适应性

适应性是指施工机械要适用于工程的施工条件和作业内容。如工地的气候、地形、土质、场地大小、运输距离、工程规模等。

(2) 先进性

新型的施工机械具有高效低耗、性能稳定、安全可靠、质量好等优点,更能保质保量地完成公路施工任务。

(3) 通用性和专用性

选用施工机械时要全面考虑通用性和专用性,尽可能用一种机械代替一系列机械,减少作业环境,扩大机械使用范围,提高机械利用率,方便管理和维修。

(4) 经济性

机械产品的性能价格比,是用户首先考虑的具体问题之一。机械类型选定后,必须细致调研具体产品的运转可靠性、维修方便程度和售后服务质量。

(5) 合理的机械组合

合理的机械组合包括机械技术性能的合理组合和机械类型及其台数的合理组合。机群的合理规模由工程量、工期要求和机群的作业能力两方面的因素决定。机械组合要注意牵引车与配置机具的组合,主要机械和配套机械的组合。在组合机械时,力求选用统一的机型,以便维修和管理,从而提高公路施工的水平。

(6) 利用与更新

在选用施工机械时,现有机械的利用与更新,应根据工地的实际情况,既要充分利用现有机械,又要注意机械的更新换代,加强技术改造,以求达到技术上合理,经济上有利,不断提高机械的利用率。

(7) 安全而不破坏环境

选择的机械的施工作业过程中,必须保证工程施工质量要求,保证作业质量,同时,不应破坏环境和对环境产生明显的不利影响。

2) 施工机械配套的基本原则

(1) 正确选择主导机械

选好既定工程的主导机械,其他机械必须围绕主导机械配套。

(2) 合理搭配机械的数量

各配套机械的工作能力必须与主导机械匹配,尽量减少配套机械的数量。同一作业要尽量使用同一型号的机械,以便于维修管理。机械选型配套遇到困难,要有其他方案代替。

(3) 采用合理的施工组织方案

配套机械施工的施工段之间要保持相对稳定,配套机械作业时要安排闲置台班备用。大型专业机械设备的购置与租赁,在配套选型中要合理处理,不能造成不必要的浪费。

3) 机械配套必须满足的简便条件

① 各机械的技术规格必须满足既定工程的技术标准。

②在工艺允许的条件下,尽可能采用重型机械并保证为其安排足够的工作量。

③机械必须具有良好的性能。

④机械必须具有良好的可靠性。

4)选型配套的基本方法

①根据工程性质进行机械的选配。

②根据作业内容对机械选型配套。

③根据土质、气候、工期等对机械进行选配。

4.3.2 施工机械的合理组合

施工机械合理组合分为技术性能组合和类型、数量组合。

1)施工机械技术性能的合理组合

(1)主要机械与配套机械的组合

配套机械的工作容量、生产率和数量应稍大一点,以便充分发挥主要机械的作业效率。例如,自卸运输车的车厢容积应是挖掘机铲斗工作容量的 3~5 倍,但不要大于 7~8 倍。

(2)主要机械与辅助机械的组合

辅助机械的生产率应略大一些,以便充分发挥主要机械的生产率。

(3)牵引车与其他机具的组合

两者要互相适应,不能出现"大马拉小车或小马拉大车"现象,以便获得最佳的"联合作业"效益。

2)施工机械类型与其数量的合理组合

(1)施工机械类型及数量宜少不宜多

根据建设项目的作业内容,尽可能地选用大工作容量、高作业效率的相同类型的施工机械。一般来说,组合的施工机械台数适当减少,有利于提高协同作业的效率。施工机械品种、规格单一时,便于施工过程中的调度、管理和维护。

(2)并列组合

只依靠一套施工机械组合作业,当主要施工机械发生故障时,就会造成建设项目全线停工。若选用两套或多套施工机械并列作业,则可避免或减少全线停工现象的发生。例如,沥青路面施工中人们多采用两套沥青摊铺机、压路机并列作业。

3)经济车辆数的确定

在机械化施工中,运输车辆常与其他机械设备搭配组合进行综合机械化施工作业。这种组合方式在施工过程中运用较多,所占的机械使用费也比较高。如果运输车辆不能与其他机械设备进行最佳匹配,势必也会造成一定的机械损失或浪费。为此,现以土石方运输车辆与挖掘机或装载机的匹配为例,说明其最佳和经济匹配方法。

(1)一般方法

①铲斗容积比的选择。挖掘机和汽车的利用率达到最高值时的理论铲斗容积比(汽车容

量与挖掘机斗容量之比)是随运距的增加而提高,一般运距为 1~2.5km 时铲斗容积比在 4~7 之间;运距为为 3~5km 时铲斗容积比在 7~10 之间。

②汽车的利用程度。汽车载重量的利用程度与铲斗容积比、汽车载重量或车箱容积以及土的密度等因素有关。车辆载重量的利用程度是考核配套合理性的一个重要指标。一般与挖掘机、装载机配套适宜的车辆,其铲装次数在 3~5 范围内。装满汽车车箱所需铲装的次数以 3~5 之间为宜。

③与一台挖掘机、装载机配套的自卸汽车的车辆数。车队生产率应取挖掘机或装载机的生产率。在生产率计算中,应计入配套机械的时间利用率,使其符合实际情况。

经济车辆数是由完成一定运输量规定的时间与一辆车运送一次所需时间之比决定的,其中一辆车运送一次的时间包括装车时间、卸车时间、等待时间和往返时间。

(2)优化方法

优化方法亦称排队论法。一般方法是以装车时间和行驶时间均是固定不变为前提的。但实际上,车辆的工作循环时间难以保持相等,因为在装载机械附近有时是排队等候装车,有时会无车可装,这就意味着降低了装载机的生产率。显然一般方法的计算结果不够精确,但作为估算,还是简单实用的。排队论法是用统计学来处理装车时间和行驶时间变化的方法。工程实践表明,采用排队论法求出的机械实际生产率和最经济的车辆数比较符合实际情况。挖掘机单位时间(每小时)装车数与单位时间(每小时)汽车到达的次数之比即为经济车辆数。

4.3.3 施工机械的技术分析

1)施工机械对工程进度的影响

①保持施工机械在正常生产使用中的良好状态,重点考核其运转效率。

②施工工地及施工计划中是否有闲置的备用机械。

③机械故障的发生对机械本身的影响程度,以及对施工进度的影响程度。

2)施工机械对工程质量的影响

①带故障的施工机械对工程质量是否有影响。

②故障机械的修理费用与影响工程质量效果的比较。

3)施工机械的维修

①根据施工机械发生故障的频率,决定是否应尽快维修。

②施工机械发生故障的维修时间是否导致长时间停工。

③施工机械修理故障所需费用是否经济合理。

4)施工机械安全

①因机械故障可能引起的伤害程度。

②因机械故障可能引起的公害程度。

5)施工机械保养

①施工机械应每日保养、每周保养、每月保养。

②施工机械润滑要做到：必须在适当的时期进行，必须在适当的部位进行，必须用适当的润滑油，润滑油用量要适中。

4.3.4 施工机械选型配套实例

高速铁路客运专线施工装备的选型与优化

1）高速铁路客运专线对设备的需求

与普通铁路相比，高速铁路客运专线建设除需要大批的常规设备外，还需要一批大型化、专业化、智能化的专用设备和专用的试验、检测、测量设备，以确保技术指标的控制，保障施工能力，保证生产效率。主要需要如下设备：

(1)桥梁施工设备

高速铁路客运专线桥梁施工由于对钻孔桩、混凝土以及桥梁结构和材料的特殊要求，须在常规设备的基础上配备其他相应的设备。

(2)提、运、架设备

高速铁路客运专线中，桥梁所占比例约为36%，且以32m/900t梁为主。采用预制架设的方案，需要配备900t架桥机、900t运梁车、900t或450t提梁机。这些设备多数已在国内进行研发和制造，采用国际先进的机械、电气、液压及其一体化技术，大多采用国际知名品牌的零部件，有少数的设备依靠进口。

(3)移动模架造桥机

不具备预制架设条件的施工地段，其桥梁设计多采用连续箱梁，连续箱梁多采用移动模架造桥机施工，梁以现浇为主。跨度32m、重900t的移动模架造桥机，国内已有多家厂家研制成功，并投入使用。

(4)旋挖钻机

桥梁的桩基础大多采用直径1.25～1.5m的钻孔桩，而且钻孔桩的数量和工程量也相当大。旋挖钻机以其自带动力、环保节能、生产效率高等优越性，被大量采用。

(5)大型混凝土搅拌站

高速铁路客运专线对桥梁基础、墩台及预制梁的混凝土都有特殊要求，即高性能混凝土、耐久性混凝土等，而且产量很大，所以需要配置生产能力大、配料精度高、预留足够添加剂计量控制接口、性能稳定可靠的混凝土搅拌站。

(6)大吨位压路机

因客运专线路基的压实度和均匀性控制较严，需要25t的全液压振动压路机用于不同填料的碾压，以满足密实度、压实均匀性和压实效果等综合要求。

(7)隧道施工设备

大断面长隧道的施工需要配备以三臂液压凿岩台车为主的施工设备，以满足隧道施工安全和效率的要求。

(8) 轨道施工设备

设计时速350km的轨道主要采用无渣道床,设计时速200km的轨道主要采用有渣道床。无渣道床施工需采用混凝土滑模摊铺机、轨道吊装调校设备等成套设备,这些设备需要从国外引进或进行技术合作。客运专线轨道采用跨区间无缝设计,需要配备焊轨生产线、移动焊接设备、轨道铺装机等专用设备。

高速铁路客运专线各项工程对设备种类的需求见表4-1。

高速铁路客运专线各项工程对设备种类的需求　　　　　　　　　　表4-1

工程类别	施工设备需求
路基工程	土石方设备、运输设备等
	基础工程:基础钻机、混凝土设备、钢筋加工设备
桥梁工程	混凝土箱梁:混凝土设备、龙门吊、液压模板、900t或450t提梁机
	900t运梁车、900t架桥机、移动模架造桥机、动力设备等
	钢混、钢构梁:运输设备、起重设备等
隧道工程	凿岩设备、装渣设备,出渣设备和衬砌设备、混凝土设备
轨道工程	无渣轨道:道床铺装设备、CA砂浆搅拌及灌注设备、轨道辅装设备
	有渣轨道:碎石设备、运输设备、辅轨设备
	焊轨设备:基地焊接设备、现场焊接设备、动力设备等
房建工程	混凝土设备、起重运输设备、脚手架等
电气工程	横张力放线车、立杆、电气化作业车等

2)高速铁路客运专线提、运、架设备的形式比较

高速铁路客运专线的桥梁工程在整个客运专线工程中所占比重很大,设备投入相对较大,桥梁的预制、运输、架设对设备的安全性、可靠性、稳定性提出了很高要求。目前国内提、运、架设备生产厂家主要有上海港机重工有限公司、北京万桥兴业机械有限公司、北戴河通联路桥机械有限公司、中铁武桥重工股份有限公司、郑州大方桥梁机械有限公司等,有的采取引进国外先进技术,在国内研发制造,有的是自主设计制造,且设备形式也各有不同。目前,各种形式的设备都已在国内的高速铁路客运专线建设中投入使用,各有千秋。下面根据调研和分析,对各种设备形式进行比较,以期提供选型依据。

(1)提梁机

梁场900t提梁机按行走形式分主要有轮胎式和轮轨式;按结构形式分,有单台900t和2台450t。其中900t提梁机有单门架和双门架2种形式,具体型号有$2 \times 450t$轮胎式提梁机、$2 \times 450t$轮轨式提梁机、900t轮胎式单门架提梁机、900t轮胎式双门架提梁机4种形式。通过调研,了解到梁场运用900t轮胎式提梁机和$2 \times 450t$轮轨式提梁机较多。900t轮胎式提梁机便于梁场布置,在梁场内按预留通道可以纵横向移动,吊梁、装梁、转运比较方便。$2 \times 450t$轮轨式提梁机需要轨道,只能按固定线路运行,主要用于跨线作业。

①2×450t 轮轨式提梁机。此种形式的提梁机由 2 台 450t 龙门吊组成，作业时 2 台龙门吊同时、同步运行吊梁、装梁，适用在没有路基的地段架设最初的箱梁和拼装架桥机，以及在没有施工便道上桥的条件下将运梁车吊到桥面上。

②900t 轮胎式单门架提梁机。采用单台发动机，能够很好地控制前后行走轮组的同步，整机不会受扭，转向模式有直行、横行和斜行，每个轮组采用单独的油缸进行转向，在不负载情况下可原地 90°转向。

③900t 轮胎式双门架提梁机。天车对称布置，双门架结构，其他性能和单门架式差别不大，双门架的优势是装梁时，运梁车可以从侧面进入到提梁机下方。但此种机型占地面积较大，预留通道也比单门架形式要宽。

④提梁机选型的主要依据。依据主要有梁场的布置形式和施工地段的地形条件。目前开工的高速铁路客运专线梁场中几种形式的提梁机均有不同数量的应用，以选择 2×450t 轮轨式提梁机和 900t 轮胎式单门架提梁机组合的稍多一些。

（2）运梁车

20 世纪 70 年代初，大型混凝土预制整孔箱梁架设技术面世。90 年代初，这种运梁架桥技术在韩国高速铁路施工中应用，运载重量达 560t。2000 年，这种运梁架桥技术在中国秦沈客运专线施工中应用，运载重量达 600t。其设计出发点是：

①简单、实用、可靠、安全。

②采用连杆系转向。

③采用分段模块化刚性主梁。

④采用液压三点平衡系统。

2000 年初，台湾高速铁路施工再次大规模使用这种技术，运载重量最高达 915t，轮组 90°，原地转向技术被采用。运梁车目前主要有 16 轴线和 17 轴线两种规格，两种车型长度和宽度不一样，所用轮胎规格也不一样。但是针对 900t 箱梁运输采用 16 轴线运梁车。900t 运梁车无论进口还是国产，基本构成和工作原理都大同小异，主要区别在于设计理念在以下几方面有所不同。

发动机：均为 2 台主机，均采用国际知名的品牌，但功率有所差异，最大的是 2×447kW，最小的是 2×360kW。其间还有 2×420kW 和 2×400kW 等。2 台主机可以保证在其中 1 台发生故障时，另 1 台仍能保证设备完成运输任务。

驱动轴：高速铁路施工规范规定，运梁车驱动轴数占总轴数的 1/3 即满足爬坡要求，16 轴线的运梁车驱动轴主要有 5 轴、5 轴半和 6 轴三种。驱动轴数多的爬坡能力大，分布形式有集中分布和间隔分布两种。制动系统有全液压制动、气—液制动、气压制动 3 种方式。

托梁小车驱动：有电机驱动—链条传动、液压驱动—钢丝绳传动两种方式，因为托梁小车要求保证和架桥机吊梁小车的同步性，链条传动比钢丝绳传动要精确，也易于维护。但如果选定点起吊形式的架桥机，运梁车不需要有托梁小车。

轴负载补偿油缸:有单作用油缸和双作用油缸两种,双作用油缸比单作用油缸安全可靠。

行进方式:有直行和斜行(最大转角30°)两种,目前投入使用的运梁车多数都可直行和斜行,只有极少数的仅能直行。

为了更为直观的表述目前投入使用的运梁车技术特点,图4-1 选择了在国内目前客运专线建设中所占份额较大的几种车型进行比较。

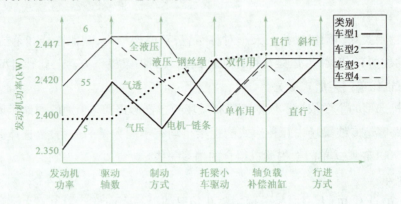

图4-1 运梁车技术参数比较折线图

(3)架桥机

架桥机主要形式:辅助导梁式架桥机(图4-2)、桁架式架桥机(无导梁)(图4-3)、导梁式架桥机(图4-4),以下是几种形式架桥机的比较。

图4-2 辅助导梁式架桥机　　　　　图4-3 桁架式架桥机(无导梁)

①辅助导梁式架桥机。

辅助导梁式架桥机的设计方案是结合下导梁式架桥机和桁架式架桥机两者的优点而提出的。针对高速铁路桥梁施工特点,基于以下两个原则而设计:

a. 减少操作时间,进而降低施工成本。

图4-4 导梁式架桥机

b. 设备易于操作,从而降低失误的可能性,增强安全操作性能。

辅助导梁式架桥机设计制造与应用十分成功,已在台湾高速铁路桥梁施工中得以证实,辅助导梁式架桥机技术成熟、先进,使用方便简单,运行安全可靠,具有以下特点:

单元4　机械化施工组织设计

a. 架桥机可以通过运梁车驮运实现短途运输,转移工地。架桥机经过简单拆解后,支腿与个别部件由运梁车驮运可以通过高速铁路双线隧道。

b. 架桥机进行架设时,其后支腿支撑在桥面上,前支腿支撑在待架跨前面的桥墩上,架桥机支撑状态仅处于一孔梁之上,使桥梁受力简单,架桥机自身结构也轻巧。

c. 架桥机通过支撑在桥墩上的辅助导梁自行向前过孔,整机稳定,安全稳定系数高。

d. 架桥机前行支腿通过球绞装置和自行机构与辅助导梁相连接,可轻易适应曲线和坡道工况下的架桥施工。

e. 在整个架设过程中,架桥机保持整孔预制混凝土箱梁始终处于"四点吊运/支撑,三点受力"的状态。

f. 架桥机辅助导梁底面高于桥面,使架设第一孔和最后两孔整孔预制混凝土箱梁简便安全。

架桥机变跨架设时,调整孔距简单,不需要其他辅助设施。辅助导梁式架桥机一个作业工况如图4-5所示。

a)工作步骤1：架桥机吊梁穿过后支腿

b)工作步骤2：混凝土箱梁落在墩位上

c)工作步骤3：架桥机准备自行过孔

d)工作步骤4：架桥机自行到位

图4-5　辅助导梁式架桥机作业工况

②桁架式架桥机(无导梁)。

桁架式架桥机为无导梁轮胎行走形式架桥机,喂梁时后支腿走形轮组打开成宽式支撑,进行提梁、架梁,过孔时前支腿折叠翻转后移,两个吊梁小车后移至主梁尾部,起到平衡配重作用,架桥机以悬臂方式过孔。

③导梁式架桥机。

非辅助导梁式,利用下导梁架梁,架梁时前后支腿同时承重(梁体与下导梁);梁体悬停时必须移动下导梁进行过孔工况。

架梁时运梁车需开到下导梁上,运梁车与下导梁对位较难;与运梁车配合时间过长,梁体悬停时间长,影响架梁效率;因对位要求,使运梁车互换性差;卷扬机在上边,影响入绳角度与缠绕。定点起吊,下导梁跨两跨,不易架设最初及最后两跨桥梁。

(4)设备选型与优化

综合以上分析可以得出,辅助导梁式架桥机具有技术上和安全上的相对优势,应该为首选。但应该注意对设备的主要配置进行优化,例如,转运支架的配置应合理,当一个梁场用2台架桥机左右同时架设的时候,应该共用一套转运支架,有利于降低成本且不影响使用。另外,在设备关键部件的配置上,如主机、液压泵、阀、马达等关键部件以及减速箱、制动器、卷扬机等应尽量选用进口质量可靠的生产厂家的配套产品,而钢结构件以及一些机加工件可以选用国内产品进行配套,既保障设备整体的安全性,又可以有效降低成本。

通过对架桥机的市场调查,在目前已投入使用的架桥机中,以辅助导梁式架桥机最多,各种形式架桥机所占市场比例分布如图4-6所示。

3)结束语

高速铁路客运专线的大规模建设,对非传统铁路的施工企业参与施工,机遇和挑战并存。机遇是因为高速铁路客运专线的建设给施工企业创造了多元化发展、扩大规模、锻炼人才和提高技术的机会;挑战是因为高速铁路客运专线对施工企业技术装备的投资与管理、人才的配备以及项目管理都提出了新的要求。企业应该高度重视高速铁路客运专线大型专用设备的投资采购,并尽快培养专用设备的管理和技术人才,打造一支专用设备的专业化管理团队。

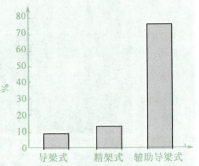

图4-6 各种形式架桥机所占市场比例分布

单元小结

本单元着重介绍了铁路及公路工程机械化施工的意义、作业方式与施工特点;机械化施工组织的作用、影响因素;机械化施工组织与施工全过程组织的区别;机械化施工组织设计的任务、内容、特点、进度图表的编制;施工机械的种类、选型与配套、合理组合和技术分析等内容。

通过本单元的学习,结合施工企业中职层面毕业生的岗位设置和职业标准,使学生了解铁路及公路机械化施工的意义、作业方式与施工特点;熟悉机械化施工组织设计的任务,机械化施工总体计划、分部分项工程计划,机械化施工组织设计的特点,熟悉施工机械的选型与配套;重点掌握机械化施工主要机具、设备作业计划,会编制且能看懂施工机械横道图(垂直图),熟练掌握路基工程、桥梁工程、隧道工程、路面工程、轨道工程等施工机械的类型和应用。

阅读材料

我国铁路隧道施工向机械化技术发展

我国铁路隧道机械化施工是自20世纪80年代才开始的,以衡广复线大瑶山隧道建设为起点,然后在大秦、南昆、京九、西康等铁路建设中推广完善,形成了多种机械化施工成套技术和设备配套模式。可以说,大瑶山隧道是我国铁路隧道钻爆法机械化施工技术发展的标志,20世纪90年代西康铁路秦岭特长隧道则是全断面硬岩掘进机(TBM)施工技术发展的标志。

这两次技术飞越对我国隧道施工技术发展影响甚大。它不仅使隧道施工进度明显加快,而且使人们认识到大规模机械化作业是隧道施工技术的发展方向。

随着我国大规模铁路建设的展开,隧道建设的数量将越来越多,建设标准越来越高,建设条件更加复杂。贵广铁路共新建隧道221座,总长累计占正线长度的53.9%。兰渝铁路线路全长820km,隧道230座,总长累计占线路总长的72%。现在,我国交通隧道的工程规模越来越大,技术难度也越来越高。为加快工程建设,必须迅速提高机械化施工技术水平。

没有机械化,就不会有快速施工,就难以在较短时期内完成各类大规模的隧道建设任务,这一点目前在铁路建设施工企业中已形成共识。而其他各种施工技术也必须在机械化条件下来实施,并且要与机械化施工的要求相适应才能继续发展下去。

铁路建设工程量浩大、施工工艺复杂、工程质量要求高、建设周期要求短,而且随着招投标制在我国的普遍实行,要求施工企业更加注重施工的经济效益。以现代化生产方式修建铁路是当今铁路建设的发展方向,机械化施工是实现铁路建设向现代化生产模式转变的重要措施,是铁路建设事业发展的必然趋势。

复习思考题

4-1 为什么要大力发展机械化施工?

4-2 机械化施工组织设计有哪些具体内容?

4-3 如何编制机械化施工组织设计的横道图和管理曲线?

4-4 怎样做好施工机械的选型与配套工作?

4-5 阅读下列材料,并完成后面的作业。

(1)推土机是以履带式或轮胎式拖拉机引车为主机,再配置悬式铲刀的自行式铲土运输机械。推土机主要用于填筑路基、开挖路堑、平整场地、管道和沟渠的回填以及其他辅助作业。

推土机的特点:所需作业面小、机动灵活、转移方便、短距运土效率高、干湿地都可以独立工作,同时可以配合其他机械工作。

(2)铲运机可以在一个工作循环中独立完成挖土、装土、运输和卸土等工作,还兼有一定的压实和平地作用。铲运机主要用于较大运距的土方工程,如填筑路基、开挖路堑和大面积平整场地等。

铲运机的特点:运土距离较远,铲斗容量较大。

(3)平地机是用机身中部装置的刮刀进行铲土、平土的施工机械。平地机主要用于从线路两侧取土,填筑不高于1m的路堤;修整路基的断裂面;修刷边坡;开挖路槽和边沟;大面积的场地平整。

平地机的特点:平地机是一种铲土、运土、卸土能同时进行的连续作业机械。

(4)挖掘机是以开挖土石方为主的工程机械。挖掘机主要用于开挖路堑、填筑高路基等土石方施工;更换不同的工作装置,可进行破碎、打桩、夯土、起重等多种作业。

挖掘机的特点:效率高,产量大,但机动性较差。

(5)装载机是用机身前端的铲斗进行铲、装、运、卸作业的施工机械。装载机可用来装载松散物料,同时还能用于清理平整场地、短距离装运物料、牵引和配合运输车辆作装土使用。如更换相应的工作装置,还可以完成推土、挖土、松土、起重等多种作业。

装载机的特点:效率较高,操作简单,兼有推土机和挖掘机两者的工作能力。

请按照上述路基工程施工机械的概念、用途、特点等形式,查阅资料归纳总结桥梁工程施工机械、隧道工程施工机械、路面工程施工机械、轨道工程施工机械。

单元5　网络计划技术

引子

网络计划技术是随着现代科学技术和工业生产的发展所产生的,是图论在生产组织中的应用,是运筹学的一个分支,是系统工程的基础理论之一。20世纪50年代,网络计划技术作为一种有效的计划管理在国外应运而生,从而改变了使用横道图难以表明施工中各项工作逻辑关系的情况。20世纪60年代中期,我国著名数学家华罗庚教授将其引入我国,经过多年的实践与发展使其不断完善,现今的网络计划技术与计算机联合应用,使得我国建筑施工领域进度计划的编制更加科学,取得了很好的经济效果。

通过本章的学习,使学生掌握网络计划技术的概念和表示方法,会进行简单的施工网络图的绘制,能熟练计算双代号网络计划、单代号网络计划时间参数;会绘制时标网络进度计划并能读图;初步掌握网络计划的优化。

5.1　网络计划的基本概念和表示方法

5.1.1　网络图

1) 基本概念和表示方法

网络图是由箭线和节点组成,用来表示工作流程的有向有序的网状图形。箭线用→表示,节点用○表示。

① 箭线:箭尾表示工作的开始,箭头表示工作的结束,箭线可以画成直线、折线或斜线,从左至右画。

② 节点:

a. 网络节点,称起点节点、终点节点。

b. 工作节点,称开始节点、完成节点。

2) 网络图的分类

网络图分为双代号网络图和单代号网络图。

(1) 双代号网络图:以箭线及其两端节点的编号表示工作的网状图称为双代号网络图。

① 工作的表示方法:以节点编号 i 和 j 代表一项工作名称,如图5-1所示。

② 双代号网络图举例,如图5-2所示。

(2) 单代号网络图:以节点及其编号表示工作,以箭线表示工作之间的逻辑关系的网络图称为单代号网络图。

①工作的表示方法:每一节点表示一项工作,如图 5-3 所示。

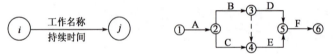

图 5-1　双代号工作表示方法　　　图 5-2　双代号网络图　　　图 5-3　单代号工作表示方法

②单代号网络图举例,如图 5-4 所示。

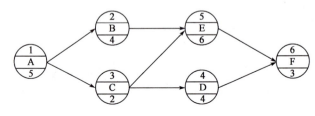

图 5-4　单代号网络图

5.1.2　网络计划

1)网络计划的基本概念

网络计划是指在网络图上加注工作时间参数的进度计划。

2)网络计划的分类

①按代号的不同分类:双代号网络计划和单代号网络计划。

②按目标分类:单目标网络计划和多目标网络计划。

③按网络计划层次分类:局部网络计划、单位工程网络计划和综合网络计划。

④按时间表达方式分类:时标网络计划和非时标网络计划。

5.1.3　网络图的组成和相关概念

1)网络图中前后工作的关系

(1)紧前工作:在本工作之前的工作称为本工作的紧前工作。

(2)紧后工作:在本工作之后的工作称为本工作的紧后工作。

(3)平行工作:与本工作同时进行的工作称为本工作的平行工作。

2)网络图中工作之间的逻辑关系

(1)工艺关系:客观存在的先后顺序关系或者是由工作程序决定的先后顺序关系。例如,施工过程:槽 1→垫 1→基 1→填 1。

(2)组织关系:在不违反工艺关系的条件下,人为安排工作的先后顺序关系。例如,施工段:槽 1→槽 2→槽 3。

3)网络图中内向箭线和外向箭线

(1)内向箭线(图 5-5):向某个节点的箭线称该节点的内向箭线。

(2)外向箭线(图 5-6):从某个节点引出的箭线称该节点的外向箭线。

4)网络图中的工作

(1)实工作:网络图中既要占用时间又要消耗实际资源的工作为实工作。

(2)虚工作(适用于双代号):只表示前后相邻工作之间的逻辑关系,即不占用时间也不消耗资源的虚拟工作称为虚工作。

①表示方法:用虚箭线 ○--→○ 或零箭线 ○--⁰--→○ 表示。

②作用:

a. 联系作用。双代号网络图 5-7 中,E 工作是 B、C 的紧后工作,C 完成后进行 E 工作很容易表达,但 E 又是 B 的紧后工作,为把 B、E 联系起来,引入虚工作③→④,此虚工作起联系作用。

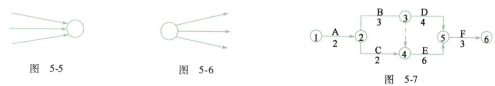

图 5-5　　图 5-6　　图 5-7

b. 区分作用。双代号网络图 5-8 中,A 和 B 两项工作的开始节点和完成节点均为节点①和②,A、B 为同一工作,为了区分 A、B 两项工作,引入虚工作①→②。

c. 断路作用。双代号网络图 5-9 中,逻辑关系错误,基 1 和挖 2 之间没有工艺关系,调整后的网络图如图 5-10 所示。此时引入虚工作④→⑤正确反应工作的逻辑关系,起到断路作用。

图 5-8　　图 5-9

(3)虚拟工作(适用于单代号):当有多项起点节点或多项终点节点时,应在始端或末端设置一个虚拟的起点节点或虚拟的终点节点。

5)网络计划中的线路、关键线路、关键工作

(1)线路:从起点节点开始,沿箭头方向顺序通过一系列箭线与节点,最后达到终点节点的通路称为线路。

在图 5-11 中,共有①→②→③→④→⑤→⑥、①→②→④→⑤→⑥、①→②→③→⑤→⑥三条线路。

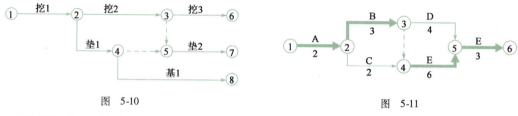

图 5-10　　图 5-11

(2)关键线路:线路上总的工作持续时间最长的线路称为关键线路(用粗箭线、双箭线或彩色箭线标注,突出其重要位置)。图 5-11 中,线路①→②→③→⑤→⑥总的持续时间为 12

天,线路①→②→③→④→⑤→⑥总的持续时间为 14 天,线路①→②→④→⑤→⑥总的持续时间为 13 天,则关键线路为①→②→③→④→⑤→⑥。

(3)关键工作:网络计划中总时差最小的工作。当计划工期等于计算工期时,总时差为零的工作就是关键工作。位于关键线路上的工作为关键工作,图 5-11 中,A、B、E、F 是关键工作。

5.2 网络图的绘图规则

5.2.1 绘制规则

1)双代号网络图的绘图规则

①双代号网络图必须按已定的逻辑关系绘制。

②双代号网络图中严禁出现循环回路。循环回路是指从一个节点出发,顺着箭线方向又回到原出发点的循环线路。在绘制过程中如不出现向左的水平箭线或箭头偏向左方的斜向箭线就不会有循环回路出现。

③双代号网络图中严禁出现带有双向箭头或无箭头的连线,即 ○←——→○ 或 ○——○。

④双代号网络图中严禁出现没有箭头节点或没有箭尾节点的箭线,如图 5-12 所示。

⑤双代号网络图中严禁在箭线上引出箭线,如图 5-13 所示。

图 5-12　　　　　　　　　　图 5-13

⑥双代号网络图中的箭线不宜交叉,非交叉采用过桥法或指向法。当交叉不可避免且箭线交叉少时,宜采用过桥法;当箭线交叉多时,宜采用指向法。当采用指向法时,应注意箭尾的节点编号要小于箭头的节点编号,为避免出现错误,一般在网络图编号完毕后再采用指向法调整网络图,如图 5-14 所示。

⑦双代号网络图中,当有多条外向箭线或多条内向箭线时,可用母线法绘制。这种方法是将多条箭线经一条共用的竖向母线从起点节点引出,或多条箭线经一条共用的竖向母线引入终点节点。母线法只能应用在起点节点和终点节点上,如图 5-15 所示。

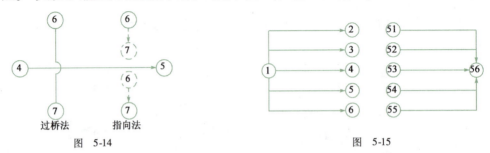

图 5-14　　　　　　　　　　图 5-15

⑧双代号网络图的节点代号严禁重复,箭尾的节点编号一定要小于箭头的节点编号。

⑨双代号网络图中只允许有一个起点节点和一个终点节点。除了分期完成任务的网络图外,只能有一个终点节点。

2）双代号网络图的绘制方法

(1) 节点位置法

在绘制网络图前，先确定各个节点的相对位置，再按各节点的相对位置绘制网络图，目的是使绘制出的网络图不出现闭合回路。

①节点位置确定的原则：

a. 无紧前工作的工作的开始节点位置号为零。

b. 有紧前工作的工作的开始节点位置号等于其紧前工作的开始节点位置号的最大值加1。

c. 有紧后工作的工作的完成节点位置号等于其紧后工作的开始节点位置号的最小值。

d. 无紧后工作的工作完成节点位置号等于有紧后工作的工作完成节点位置号的最大值加1。

②绘图步骤：

a. 按已知的各工作的逻辑关系找出各项工作的紧前工作。

b. 确定各项工作的紧后工作。

c. 确定各工作开始节点位置号和完成节点位置号。

d. 根据已确定的各节点位置号和逻辑关系绘制初始网络图。

e. 检查、修改、绘制最终正式的网络图。

§ 例5-1 §　已知网络图中各项工作的逻辑关系见表5-1，试绘制双代号网络图。

表5-1

工　作	A	B	C	D	E	G
紧前工作	—	—	—	B	B	C、D

解　确定紧后工作和节点位置号，见表5-2。

表5-2

工　作	A	B	C	D	E	G
紧前工作	—	—	—	B	B	C、D
紧后工作	—	D、E	G	G	—	—
开始节点位置号	0	0	0	1	1	2
完成节点位置号	3	1	2	2	3	3

绘出网络图，如图5-16所示。

§ 例5-2 §　已知网络图中各项工作的逻辑关系见表5-3，试绘制双代号网络图。

解　确定紧后工作和节点位置号，见表5-4。

绘出网络图，如图5-17和图5-18所示。

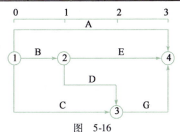

图 5-16

表 5-3

工 作	A	B	C	D	E	H	G
紧前工作	D、C	E、H	—	—	—	—	H、D

表 5-4

工 作	A	B	C	D	E	H	G
紧前工作	D、C	E、H	—	—	—	—	H、D
紧后工作	—	—	A	A、G	B	B、G	—
开始节点位置号	1	1	0	0	0	0	1
完成节点位置号	2	2	1	1	1	1	2

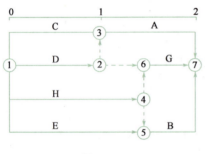

图 5-17

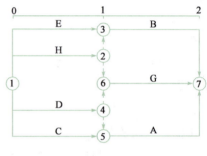

图 5-18

（2）逻辑关系法

根据所给的各工作之间的逻辑关系,绘制网络图草图,再结合绘图规则对草图进行调整,形成符合要求的正式网络图。

绘图步骤：

①绘制没有紧前工作的工作,这些工作具有相同的起点节点。

②依次绘制其他各项工作。这些工作的绘制条件是其紧前工作都已绘制出来。在绘制这些工作箭线时,应按下列原则进行。

a. 当所绘制的工作只有一项紧前工作时,则将该工作的箭线直接画在该紧前工作完成节点的后面。

b. 当所绘制的工作有多个紧前工作时,按照其逻辑关系加入若干个虚工作,利用虚工作将紧前工作和本工作相连,绘出网络图。

c. 合并没有紧后工作的箭线,即为终点节点。

d. 确认网络图没有问题后,进行节点编号。

§例5-3§ 已知网络图中各项工作的逻辑关系见表5-5,试绘制双代号网络图。

表 5-5

工 作	A	B	C	D	E	G	H	I
紧前工作	—	—	A	A	B、C	B、C	E、G、D	D、E

①绘制没有紧前工作的工作 A 和 B,它们共有一个起点节点,如图 5-19 所示。

②C 和 D 工作的紧前工作是 A 工作,则从工作 A 的完成节点画出两条箭线,作为工作 C 和 D。E、G 工作的紧前工作是 B 和 C 工作,则从 B 和 C 工作共用的完成节点引出两条箭线,作为工作 E 和 G,如图 5-20 所示。

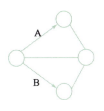

图 5-19

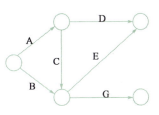

图 5-20

③I 工作的紧前工作是 D 和 E 工作,则从 D 和 E 工作共用的完成节点引出一条箭线,作为工作 I。H 工作的紧前工作是 E、G、D 工作,则从 D 和 E 工作共用的完成节点引出一条虚箭线,此虚工作的完成节点和 G 工作的完成节点为同一节点,从此节点引出箭线为 H 工作,将 I、H 工作合并,即为终点节点。节点编号如图 5-21 所示。

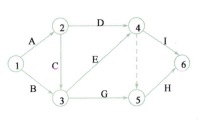

图 5-21

§例 5-4§ 已知网络图中各项工作的逻辑关系见表 5-6,试绘制双代号网络图。

表 5-6

工作	A	B	C	D	E	H	G	I	J
紧前工作	E	H、A	J、G	H、I、A	—	—	H、A	—	E

①绘制没有紧前工作的工作 E、H、I,它们共有一个起点节点,如图 5-22 所示。

②A 和 J 工作的紧前工作是 E 工作,则从工作 E 的完成节点画出两条箭线,作为工作 A 和 J。B、G 工作的紧前工作是 A 和 H 工作,则从 A 和 H 工作共用的完成节点引出两条箭线,作为工作 B 和 G,如图 5-23 所示。

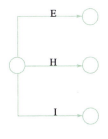

图 5-22

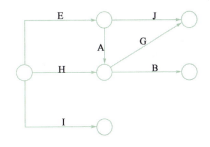

图 5-23

③D 工作的紧前工作是 H、I、A 工作,则从 H 和 A 工作共用的完成节点引出一条虚箭线,此虚工作的完成节点和 I 工作的完成节点为同一节点,从此节点引出箭线为 D 工作。C 工作

的紧前工作是 J 和 G 工作,则从 J 和 G 工作共用的完成节点引出一条箭线,作为工作 C。将 C、B、D 工作合并,即为终点节点。节点编号如图 5-24 所示。

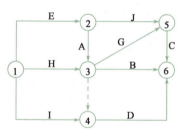

图 5-24

3) 单代号网络图的绘图规则

单代号网络图的绘图规则基本上与双代号网络图的绘图规则相同,不同的地方是首尾的虚拟工作。

①单代号网络图必须正确表达已定的逻辑关系。

②单代号网络图中严禁出现循环回路。

③单代号网络图中严禁出现带有双向箭头或无箭头的连线。

④单代号网络图中严禁出现没有箭头节点或没有箭尾节点的箭线。

⑤单代号网络图绘制时,箭线不宜交叉,当交叉不可避免时采用过桥法或指向法。

⑥单代号网络图中应只有一个起点节点和一个终点节点,当网络图中有多项起点节点或多项终点节点时,应在网络图的始端或末端设置一个虚拟的起点节点或一个虚拟的终点节点。

⑦单代号网络图中不允许出现有重复编号的工作,一个编号只代表一项工作,且箭头的节点编号大于箭尾的节点编号。

4) 单代号网络图的绘制方法

单代号网络图的绘制方法和双代号网络图的绘制方法大体相同,因其逻辑关系易于表达,因而其绘制较双代号网络图简单,基本上按照工作间的逻辑关系绘制即可,并结合单代号网络图的绘图规则进行调整,最终形成正式的网络图,其绘图步骤如下:

①按照已给的逻辑关系找出每项工作的紧前工作。

②根据紧前工作确定出每项工作的紧后工作。

③先绘制没有紧后工作的工作,当网络图中有多项起点节点时,应在网络图的始端设置一个虚拟的起点节点。

④按工作先后的逻辑关系顺次绘制各项工作至终点节点。当网络图中有多项终点节点时,应在网络图的末端设置一个虚拟的终点节点。

5.3 双代号网络图的时间参数计算及关键线路的确定

1) 时间参数

网络本身的参数:计算工期 T_c。

工作时间参数:持续时间 D_{i-j}(已知)、早参系列和迟参系列共 7 个参数。

工作与工作之间的参数:时间间隔 LAG。

节点的时间参数:节点的最早和最迟时间。

工作时间参数表示方法:

ES	LS	TF
EF	LF	FF

(1) 早参系列

①最早开始时间 ES：在所有紧前工作均完成的前提下，本工作可能最早开始的时刻。取 $ES_{i-j} = \max\{EF_{h-i}\}$。

计算程序：从起点节点顺着箭线方向至终点节点计算。

②最早完成时间 EF：在所有紧前工作均完成的前提下，本工作可能最早完成的时刻。取 $EF_{i-j} = ES_{i-j} + D_{i-j}$。

③自由时差 FF：在不影响紧后工作最早开始的前提下，本工作可以利用的机动时间。用所有紧后工作最早开始时间的最小值减去本工作的最早完成时间。即 $FF_{i-j} = \min\{ES_{j-k}\} - EF_{i-j}$。

(2) 迟参系列

①最迟完成时间 LF：其一，在不影响紧后工作最迟开始的前提下，本工作最迟必须完成的时刻；其二，在不影响整个任务按期完成的条件下，本工作必须完成的最迟时刻。取 $LF_{i-j} = \min\{LS_{j-k}\}$。

计算程序：从终点节点逆着箭线方向至起点节点计算。

②最迟开始时间 LS_{i-j}：$LS_{i-j} = LF_{i-j} - D_{i-j}$。

③总时差 TF_{i-j}：在不影响总工期的前提下，本工作可以利用的机动时间。取 $TF = LF - EF$ 或 $TF_{i-j} = LS_{i-j} - ES_{i-j}$。

根据上面的计算公式，就可在网络图上直接计算工作时间参数。

2) 标号法确定工作的时间参数

在教学用书中，我们介绍了工作时间参数计算的四种方法，这里不再一一叙述。要求同学们仅掌握标号法计算工作的时间参数即可，此种方法快速、实用、准确。

步骤：

①利用标号法确定关键线路，从而确定关键工作和非关键工作。

②关键工作时间参数的计算：

a. 关键工作的总时差和自由时差为零。即 $TF = FF = 0$。

b. 关键工作两端节点上的标注代表本工作的开始参数和完成参数。即 $ES = LS, EF = LF$。

③非关键工作时间参数的计算：先计算早参系列，后计算迟参系列。

a. 节点上的标注若代表紧后工作的最早开始时间 ES，则 $EF_{i-j} = ES_{i-j} + D_{i-j}$。

b. 本工作完成节点上的标注减去本工作的最早完成时间 EF_{i-j}，就是本工作的自由时差 FF_{i-j}。

c. 然后先找以关键节点为完成节点的非关键工作，其工作总时差等于其自由时差，即 $TF_{i-j} = FF_{i-j}$，则 $LS_{i-j} = ES_{i-j} + TF_{i-j}, LF_{i-j} = EF_{i-j} + TF_{i-j}$。

d. 其他非关键工作的总时差 $TF_{i-j} = FF_{i-j} + \min\{TF_{j-k}\}$，则 $LS_{i-j} = ES_{i-j} + TF_{i-j}, LF_{i-j} = EF_{i-j} + TF_{i-j}$。

§ **例 5-5** § 利用标号法确定如图 5-25 所示网络图的关键线路,求总工期以及各工作的时间参数。

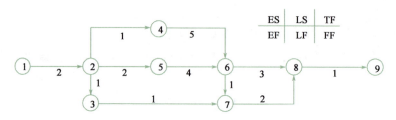

图 5-25 时间(单位:周)

解 ① 确定关键线路,求总工期,如图 5-26 所示。

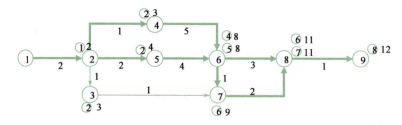

图 5-26

② 计算关键工作的时间参数,如图 5-27 所示。

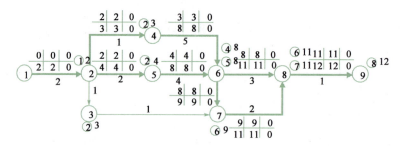

图 5-27

关键工作的时间参数能够直接判断出来。关键工作开始节点上的标注即为本工作的最早开始时间和最迟开始时间;关键工作完成节点上的标注即为本工作的最早完成时间和最迟完成时间;关键工作的总时差和自由时差均为零。例如,关键工作⑤→⑥,$ES_{5-6} = LS_{5-6} = 4$,$EF_{5-6} = LF_{5-6} = 8$,$TF_{5-6} = FF_{5-6} = 0$。

③ 计算以关键节点为完成节点的非关键工作的时间参数,如图 5-28 所示。

节点上的标注只代表紧后工作的最早开始时间 ES,例如,以关键节点⑦为完成节点的工作③→⑦,其最早开始时间 $ES_{3-7} = 3$,最早完成时间 $EF = ES + D_{3-7} = 3 + 1 = 4$,自由时差 $FF_{3-7} = 9 - 4 = 5$。以关键节点为完成节点的非关键工作,其工作总时差等于自由时差,则 $TF = FF = 5$,最迟开始时间 $LS_{3-7} = ES_{3-7} + TF_{3-7} = 3 + 5 = 8$,最迟完成时间 $LF_{3-7} = EF_{3-7} + TF_{3-7} = 4 + 5 = 9$。

④ 计算其他非关键工作的时间参数,如图 5-29 所示。

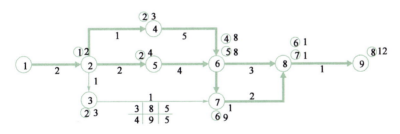

图 5-28

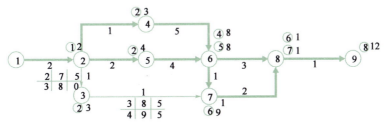

图 5-29

②→③工作是以非关键节点为完成节点的非关键工作,其最早开始时间 $ES_{2-3}=2$,最早完成时间 $EF_{2-3}=ES_{2-3}+D_{2-3}=2+1=3$,自由时差 $FF_{2-3}=3-3=0$。总时差 $TF_{2-3}=FF_{2-3}+\min\{TF_{2-3}\}=0+5=5$,$LS_{2-3}=ES_{2-3}+TF_{2-3}=2+5=7$,$LF_{2-3}=EF_{2-3}+TF_{2-3}=3+5=8$。

§例5-6§ 利用标号法确定如图5-30所示网络图的关键线路,求总工期以及各工作的时间参数。

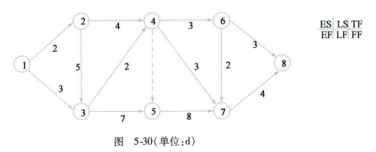

图 5-30(单位:d)

解 ①确定关键线路,求总工期,如图5-31所示。

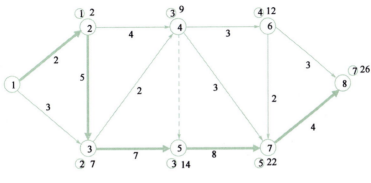

图 5-31

②关键工作的时间参数不再计算,从图上直接判断。计算以关键节点为完成节点的非关键工作的时间参数,如图 5-32 所示。

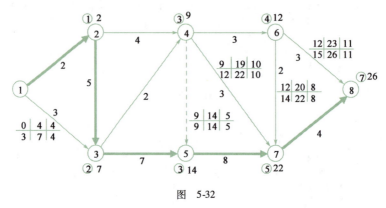

图 5-32

③计算其他非关键工作的时间参数,如图 5-33 所示。

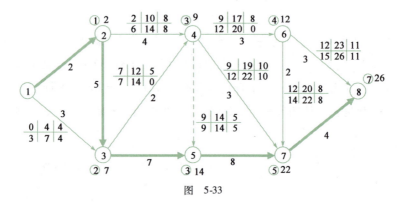

图 5-33

5.4 双代号时标网络图的绘制及应用

1)双代号时标网络计划的绘制

一般按工作的最早开始时间,采用间接和直接联合的方法绘制,即先确定和绘制关键线路,再结合绘图口诀绘制非关键工作。绘图口诀:时间长短坐标限,曲直斜平利相连;箭线到齐画节点,画完节点补波线;零线尽量拉垂直,否则安排有缺陷。用实箭线表示工作,用垂直方向的虚箭线表示虚工作,用波形线表示工作的自由时差。关键线路是指自始至终无波形线的线路。

作图步骤:

①利用标号法确定关键线路。

②根据需要画出上下双时标横轴或单时标横轴,然后把关键线路按照持续时间的长短对应时标原封不动的照原形状画出。

③按照绘图口诀补上非关键工作。

2)双代号时标网络计划时间参数的判读

①关键工作的时间参数同双代号网络计划关键工作的时间参数判读相同,其总时差和自由时差均为零,工作开始节点和完成节点对应的时点,即为该工作的开始参数和完成参数。

②非关键工作的波形线水平投影长度为自由时差,箭线实线部分的左端和右端所对应的时标值,即为该工作的最早开始时间和最早完成时间。

③所有紧后工作总时差的最小值加上本工作的自由时差,即为本工作的总时差,即 $TF_{i-j} = FF_{i-j} + \min\{TF_{j-k}\}$,则 $LS = ES + TF, LF = EF + TF$。

§ 例 5-7 § 根据双代号网络进度计划,如图 5-34 所示,绘制双代号时标网络进度计划。

解 ①利用标号法确定关键线路,如图 5-35 所示。

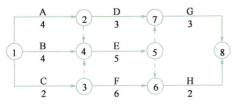
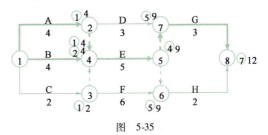

图 5-34(单位:周)　　　　　　　图 5-35

②绘制时标横轴,按原关键线路的形状对应时标绘出关键线路,如图 5-36 所示。

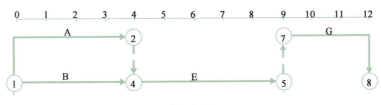

图 5-36

③按照绘图口诀补上非关键工作,如图 5-37 所示。

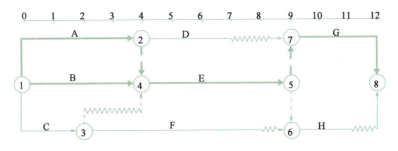

图 5-37

工作 C 是开始工作,持续时间为 2,则完成节点③对应时点 2。虚工作不消耗资源也不占用时间,则水平长度用波形线补齐。工作 F 持续时间为 6,完成节点⑥若对应时点 8,虚工作⑤→⑥的虚箭线将指向左,所以节点⑥应在节点⑤的正下方,则时点 8 至时点 9 用波形线补齐,工作 F 有一周的自由时差。工作 D 持续时间为 3,关键节点⑦不能动,则时点 7 至时点 9 用波形线补齐,工作 D 有 2 周的自由时差。同理工作 H 有一周的自由时差。

根据双代号时标网络计划时间参数的判读,从而确定出各项工作的时间参数。关键工作的时间参数同双代号网络计划,其总时差和自由时差均为零;开始节点和完成节点对应的时点即为该工作的开始参数和完成参数。非关键工作的波形线水平投影长度为自由时差;箭线实线部分的左端和右端所对应的时标值,即为该工作的最早开始时间和最早完成时间;所有紧后工作总时差的最小值加上本工作的自由时差,即为本工作的总时差,从而最迟开始时间和最迟完成时间也就知道了。例如,非关键工作 F 的时间参数为:$ES_{3-6}=2$,$EF_{3-6}=8$,$FF_{3-6}=1$,紧后工作 H 的总时差和自由时差均为 1,则工作 F 的总时差 $TF_{3-6}=1+1=2$,$LS_{3-6}=ES_{3-6}+TF_{3-6}=2+2=4$,$LF_{3-6}=EF_{3-6}+TF_{3-6}=8+2=10$。

§例 5-8§ 根据如图 5-38 所示双代号网络进度计划,绘制双代号时标网络进度计划。

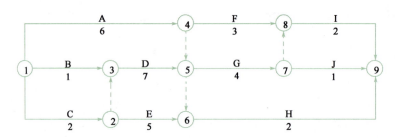

图 5-38(单位:d)

解 ①利用标号法确定关键线路,如图 5-39 所示。

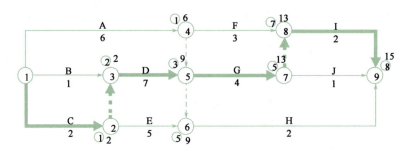

图 5-39

②绘制时标横轴,按原关键线路的形状对应时标绘出关键线路,如图 5-40 所示。

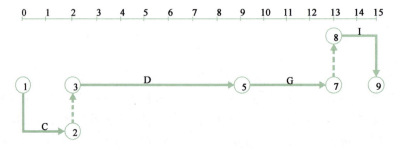

图 5-40

③按照绘图口诀补上非关键工作,如图 5-41 所示。

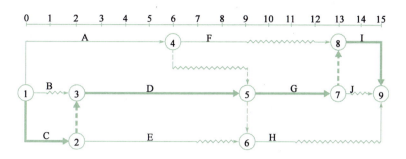

图 5-41

工作 B 是开始工作,持续时间为 1d,完成节点对应时点 1,而完成节点③为关键节点不能动,则时点 1 至时点 2 间用波形线补齐,工作 B 有 1d 的自由时差。工作 A 是开始工作,持续时间为 6d,完成节点④对应时点 6。虚工作④→⑤不消耗资源也不占用时间,则水平长度用波形线补齐,箭头指向右,符合绘图规则,有 3d 的自由时差。工作 E 持续时间为 5d,若完成节点⑥对应时点 7,则虚工作⑤→⑥的箭头将指向左,所以节点⑥应在节点⑤的正下方,工作 E 有 2d 的自由时差。工作 F 持续时间为 3d,完成节点对应时点 9,而完成节点⑧为关键节点不能动,则时点 9 至时点 13 间用波形线补齐,工作 F 有 4d 的自由时差。同理工作 H 有 4d 的自由时差,工作 J 有 1d 的自由时差。

§例 5-9§ 某公司中标的网络进度计划如图 5-42 所示,计划工期 12 周,工程进行到第 9 周末时,检查 D 工作完成了 2 周,E 工作完成了 4 周,F 工作完成了 5 周。

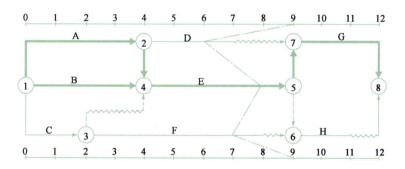

图 5-42

问题:①绘制实际进度前锋线。

②如果后续工作按计划进行,试分析上述三项工作对计划工期产生了什么影响?

③重新绘制第 9 周至完工的时标网络计划。

解 ①绘制实际进度前锋线,必须绘制双代号时标网络进度计划,双代号时标网络进度计划绘制方法见上题,实际进度前锋线绘制如下:

②关键工作有 A、B、E、G 工作。在第 9 周末检查时,D、E、F 工作均未完成计划。如果后续工作按计划进行,关键工作 E 延误 1 周,这 1 周在关键线路上,对工期产生影响,将使项目工期延长 1 周;F 工作为非关键工作,延误 2 周,但 F 工作有 2 周的总时差,故对工期不造成影

响。D 工作为非关键工作,延误 3 周,D 工作只有 2 周的总时差,故 D 工作虽然不是关键工作,但拖期超过其总时差,对工期产生影响,也将使项目工期延长 1 周。如果从第 10 周开始不采取赶工措施,后续工作按计划进行,工期将变为 13 周。

③第 9 周至完工的时标网络计划如图 5-43 所示。D 工作由于拖期,由非关键工作变成了关键工作。F 工作由于工期变为 13 周,故有 1 周总时差。

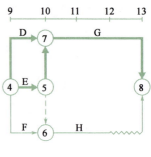

图 5-43

5.5 单代号网络图的绘制及应用

1) 工作的时间参数表示方法

表示方法如图 5-44 所示。

图 5-44

2) 工作的时间参数计算

(1) ES_i、EF_i 的计算方法和双代号网络计划时间参数计算一致,$EF_i = ES_i + D_i$。

(2) 时间间隔 $LAG_{i,j}$ 和自由时差 FF_i 的关系:

①时间间隔 $LAG_{i,j}$:本工作最早完成,紧后工作尚未最早开始的空闲时间,即 $LAG_{i,j} = ES_j - EF_i$。

②$LAG_{i,j}$ 和 FF_i 的区别:

a. $LAG_{i,j}$ 是工作与工作之间的时间参数,而 FF_i 是工作本身的时间参数。

b. 有几项紧后工作就有几个时间间隔 $LAG_{i,j}$,而工作本身的自由时差 FF_i 只有一个。

③自由时差 $FF_i = \min\{LAG_{i,j}\}$。

(3) 当网络计划的计划工期不等于计算工期时,网络计划终点节点 n 所代表的工作的自由时差等于计划工期与计算工期之差,即 $FF_n = T_P - T_C$;当网络计划的计划工期等于计算工期时,终点节点所代表的工作 n 的自由时差就等于零,即 $FF_n = 0$;其他各项工作的自由时差 $FF_i = \min\{LAG_{i,j}\}$。

(4) 当网络计划的计划工期不等于计算工期时,网络计划终点节点 n 所代表的工作的总时差等于计划工期与计算工期之差,即 $TF_n = T_P - T_C$;当网络计划的计划工期等于计算工期时,终点节点所代表的工作 n 的总时差就等于零,即 $TF_n = 0$;其他各项工作的总时差 $TF_i = \min\{TF_j + LAG_{i,j}\}$。

(5) 最迟开始时间 $LS_i = ES_i + TF_i$,最迟完成时间 $LF_i = EF_i + TF_i$。

3) 关键线路的判断

从网络计划的终点节点开始,逆着箭线方向依次找出相邻两项工作之间时间间隔均为零的线路即为关键线路。

§例 5-10 § 某单代号网络计划如图 5-45 所示,试确定总工期、关键线路以及各工作的时间参数。

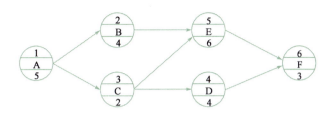

图 5-45(单位:d)

解 ①首先计算 ES_i、EF_i、$LAG_{i,j}$,从而计算总工期和判断关键线路,如图 5-46 所示。

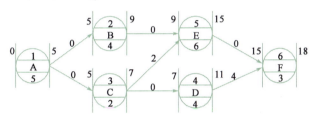

图 5-46

由于 $ES_i = \max\{EF_h\}$,以工作 E 为例,紧前工作有两项,取紧前工作最早完成时间的最大值,所以工作 E 最早开始时间为 9;根据 $EF_i = ES_i + D_i$、$LAG_{i,j} = ES_j - EF_i$,从而求出工作的最早完成时间和前后两项工作之间的时间间隔。本网络计划的工期为 18d。关键线路从后往前推,逆着箭线方向由工作之间时间间隔均为零所构成的线路,如图 5-47 所示。

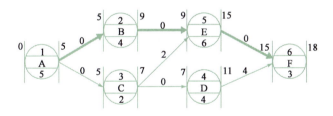

图 5-47

②计算 FF_i:如图 5-48 所示,自由时差 $FF_i = \min\{LAG_{i,j}\}$。

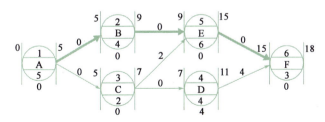

图 5-48

③计算 TF_i:由于终点节点所代表的工作 n 的总时差等于零,即 $TF_n = 0$,所以工作 F 的总时差为零。从后往前计算,各项工作的总时差 $TF_i = \min\{TF_j + LAG_{i,j}\}$,如图 5-49 所示。

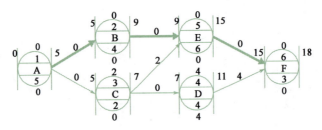

图 5-49

④计算 LS_i、LF_i：最迟开始时间 $LS_i = ES_i + TF_i$；最迟完成时间 $LF_i = EF_i + TF_i$，如图 5-50 所示。

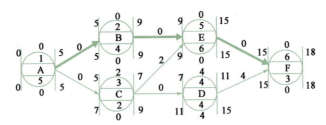

图 5-50

§例 5-11§ 某单代号网络计划如图 5-51 所示，试确定总工期、关键线路以及各工作的时间参数。

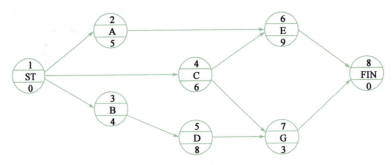

图 5-51（单位：d）

解 ①计算 ES_i、EF_i、$LAG_{i,j}$。总工期为 15d，关键线路有两条，如图 5-52 所示。

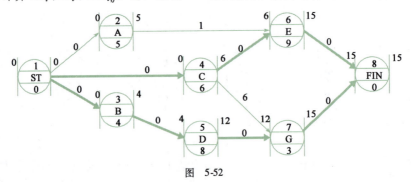

图 5-52

②计算 FF_i：自由时差 $FF_i = \min\{LAG_{i,j}\}$，如图 5-53 所示。

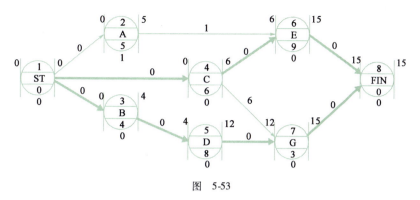

图 5-53

③计算 TF_i：$TF_n = 0$，$TF_i = \min\{TF_j + LAG_{i,j}\}$，如图 5-54 所示。

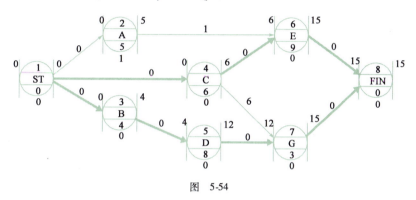

图 5-54

④计算 LS_i、LF_i：最迟开始时间 $LS_i = ES_i + TF_i$，最迟完成时间 $LF_i = EF_i + TF_i$，如图 5-55 所示。

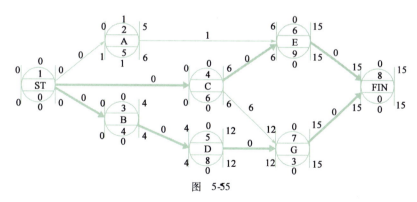

图 5-55

5.6 网络计划的优化

5.6.1 工期优化

1）概念

(1) 工期优化：在既定的约束条件下，按要求工期的目标，通过延长或缩短网络计划初步方案的计算工期 T_c 以达到工期目标，保证按期完成任务。

(2)工期优化的方法:顺序法、加数平均法、选择法。

(3)关键工作的压缩:

①缩短持续时间对质量和安全影响不大的工作。

②缩短有充足备用资源的工作。

③缩短持续时间所需增加费用最小的工作。

(4)优选系数:选择优选系数最小的关键工作或优选系数之和最小的关键工作进行压缩。

2)工期优化的计算步骤

(1)按照标号法确定计算工期 T_c,找出关键工作。

(2)按要求工期计算应缩短的时间 ΔT,$\Delta T = T_c - T_r$。

(3)确定各关键工作能缩短的持续时间。

(4)按优选系数最小或之和最小选择要压缩的关键工作,压缩其持续时间,重新计算网络计划的 T_c。注意:不能将关键工作变为非关键工作。

(5)若 T_c 仍大于 T_r,继续重复上述步骤。

(6)当所有的关键工作的持续时间压缩到极限时,而计算工期还不能满足要求时,对原计划的技术方案、组织方案进行调整或对要求工期重新进行审定。

§例5-12§ 已知某网络计划如图5-56所示,图中箭线上方括号内数字为优选系数,箭线下方括号外数字为工作的正常持续时间,括号内数字为最短持续时间,现假设要求工期为30d,试进行工期优化。

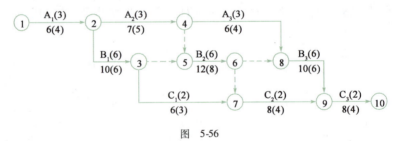

图 5-56

解 (1)计算工期,确定关键线路如图5-57所示,$T_c = 46d$。

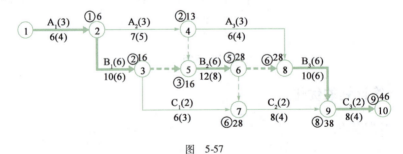

图 5-57

(2)计算 $\Delta T_c = T_c - T_r = 46 - 30 = 16d$。

(3)压缩关键工作:①压缩优选系数最小的关键工作 C_3,压缩4d,$T_c = 42d$。

② 压缩 A_1 工作 2d,$T_c=40$d。
③ 压缩 B_1 工作 3d,$T_c=37$d,A_2 变为关键工作。
④ 压缩 B_2 工作 4d,$T_c=33$d
⑤ 压缩 B_3 工作 2d,$T_c=31$d,C_2 变为关键工作。
⑥ 同时压缩 B_3、C_2 工作各 1d,$T_c=30$d,满足要求工期,如图 5-58 所示。

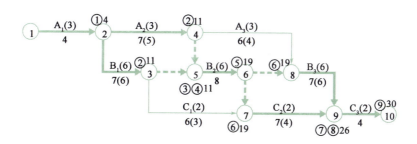

图 5-58

§ **例 5-13** § 已知某工程网络计划如图 5-59 所示,图中箭线下方括号外数字为工作的正常挡土持续时间,括号内数字为最短持续时间,箭线上方括号内数字为优选系数,现假设要求工期为 22d,试进行工期优化。

解 (1)计算工期,确定关键线路如图 5-60 所示,$T_c=28$d。

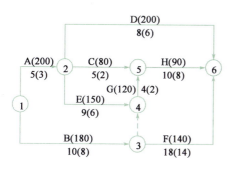

图 5-59

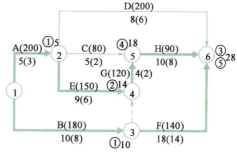

图 5-60

(2)同时压缩 F、H 工作各 2d,$T_c=26$d
(3)同时压缩 G、F 工作各 2d,$T_c=24$d
(4)同时压缩 E、B 工作各 2d,$T_c=22$d,如图 5-61 所示。

5.6.2 费用优化

1)概念

(1)费用优化:又称工期成本优化,是指寻求工程总成本最低的工期安排。

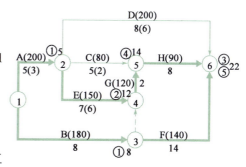

图 5-61

(2)工期与费用关系:一般来说,缩短工期会引起直接费用的增加和间接费用的减少,延长工期会引起直接费用的减少和间接费用的增加。

(3) 直接费用率：

$$\Delta C = (CC - CN)/(DN - DC)$$

式中：CC——最短时间的费用；
      CN——正常时间发生的费用；
      DN——正常持续时间；
      DC——最短持续时间。

(4) 持续时间与费用关系：
① 连续变化型关系：$\Delta C = (CC - CN)/(DN - DC)$。
② 非连续变化型关系：是一个点。

2) 费用优化的计算步骤

(1) 按工作正常持续时间找出关键工作,确定关键线路、工期、总费用。

(2) 计算各项工作的费用率。

(3) 在网络计划中选择直接费用率 ΔC(或组合的直接费用率 $\sum \Delta C$)最小的关键工作,作为缩短持续时间的压缩对象。

(4) 比较压缩对象的直接费用率和间接费用率的大小。

(5) 当 $\Delta C \leq$ 间接费用率时,压缩关键工作的持续时间,反之不能压缩,则之前的压缩方案为最优方案。

(6) 优化原则：
① 缩短后工作的持续时间不能少于最短的持续时间。
② 缩短持续时间的关键工作不能变为非关键工作。

(7) 不断的计算相应的总费用。

(8) 重复上述(3)~(7),直到计算工期 T_c 满足要求工期 T_r 为止,或被压缩对象的直接费用率或组合费用率大于工程间接费用率为止。

§ 例 5-14 §　已知某工程计划网络如图 5-62 所示,箭线上方为工作的正常时间的直接费用,括号内为最短时间的直接费用(以万元为单位),箭线下方为工作的正常持续时间,括号内为最短持续时间(以天为单位),其中②~⑤工作的时间与直接费用为非连续变化型关系,整个工程计划的间接用费率为 0.35 万元/d,最短工期时的间接费用为 8.5 万元,试对此计划进行费用优化,求费用最少的相应工期。

解　(1) 计算工期,确定关键线路,$T_c = 37d$,如图 5-63 所示。

正常持续时间的直接费用 = 7.0 + 5.5 + 11.8 + 9.2 + 6.5 + 8.4 = 48.4 万元

正常持续时间的间接费用 = 0.35 × 37 = 12.95 万元

正常持续时间的总费用 = 48.4 + 12.95 = 61.35 万元

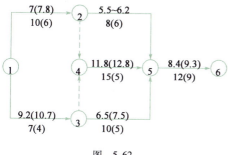

图 5-62

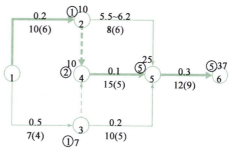

图 5-63

(2) ΔC 的计算：

①~②： $\Delta C = (7.8 - 7.0)/(10 - 6) = 0.2$ 万元/d

①~③： $\Delta C = (10.7 - 9.2)/(7 - 4) = 0.5$ 万元/d

④~⑤： $\Delta C = (12.8 - 11.8)/(15 - 5) = 0.1$ 万元/d

③~⑤： $\Delta C = (7.5 - 6.5)/(10 - 5) = 0.2$ 万元/d

⑤~⑥： $\Delta C = (9.3 - 8.4)/(12 - 9) = 0.3$ 万元/d

(3) 压缩④~⑤工作 7d，$\Delta C = 0.1$ 万元/d < 0.35 万元/d，工作②~⑤变成关键工作，$T_c = 30$d，总费用 $= 61.35 + 7 \times 0.1 - 0.35 \times 7 = 59.6$ 万元。

压缩①~②工作 1d，$\Delta C = 0.2$ 万元/d < 0.35 万元/d，工作①~③、③~⑤变成关键工作，$T_c = 29$d，总费用 $= 59.6 + 0.2 - 0.35 = 59.45$ 万元。

压缩⑤~⑥工作 3d，$\Delta C = 0.3$ 万元/d < 0.35 万元/d，$T_c = 26$d，总费用 $= 59.45 + 0.3 \times 3 - 0.35 \times 3 = 59.30$ 万元。

上述优化为最优。$T_c = 26$d，总费用 $= 59.30$ 万元，如图 5-64 所示。

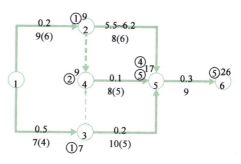

图 5-64

§ 例 5-15 § 已知某工程双代号网络计划如图 5-65 所示，图中箭线下方括号外数字为工作的正常持续时间，括号内数字为最短持续时间，箭线上方括号外数字为工作按正常持续时间完成时所需的直接费用，括号内数字为工作按最短持续时间完成时所需的直接费用（以万元为单位），该工程的间接费用率为 0.8 万元/d，试进行费用优化并求费用最少的相应工期。

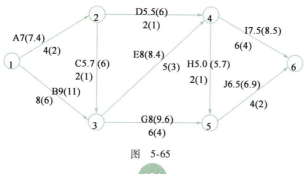

图 5-65

解 （1）计算工期,确定关键线路,$T_c = 19d$,如图 5-66 所示。

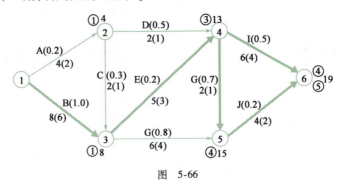

图 5-66

直接费用率：

A：$\Delta C = (7.4 - 7)/(4 - 2) = 0.2$ 万元/d

B：$\Delta C = (11 - 9)/(8 - 6) = 1.0$ 万元/d

C：$\Delta C = (6 - 5.7)/(2 - 1) = 0.3$ 万元/d

D：$\Delta C = (6 - 5.5)/(2 - 1) = 0.5$ 万元/d

E：$\Delta C = (8.4 - 8)/(5 - 3) = 0.2$ 万元/d

G：$\Delta C = (9.6 - 8)/(6 - 4) = 0.8$ 万元/d

H：$\Delta C = (5.7 - 5)/(2 - 1) = 0.7$ 万元/d

I：$\Delta C = (8.5 - 7.5)/(6 - 4) = 0.5$ 万元/d

J：$\Delta C = (6.9 - 6.5)/(4 - 2) = 0.2$ 万元/d

（2）正常持续时间直接费用 $= 7 + 9 + 5.7 + 5.5 + 8 + 8 + 5 + 7.5 + 6.5 = 62.2$ 万元。

正常持续时间间接费用 $= 0.8 \times 19 = 15.2$ 万元。

正常持续时间总费用 $= 62.2 + 15.2 = 77.4$ 万元。

（3）E 工作直接费用率最小,为 0.2 万元/d < 0.8 万元/d

压缩 E 工作 1 天,$T_c = 18d$,总费用 $= 77.4 + 0.2 - 0.8 = 76.8$ 万元。

（4）同时压缩 I、J 工作 2d,其组合费用率为 0.7 万元/d < 0.8 万元/d,$T_c = 16d$,总费用 $= 76.8 + 0.7 \times 2 - 0.8 \times 2 = 76.6$ 万元。

（5）上述优化为最优。$T_c = 16d$,总费用 $= 76.6$ 万元,如图 5-67 所示。

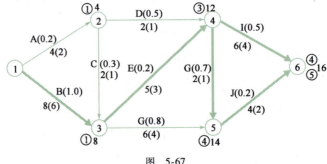

图 5-67

5.6.3 资源优化

资源是指为完成任务所需要投入的人力、材料、机械设备和资金等。设计图纸一旦完成，那么这项工程所需要的资源量基本上就是不变的，资源优化不是将其所需的资源量减少，而是通过改变工作的开始时间和完成时间使资源按照时间能够更合理的分布。

1）网络计划的资源优化

（1）资源有限-工期最短：通过调整计划安排，以满足资源限制条件，并使工期延长最少的过程。

（2）工期固定-资源均衡：通过调整计划安排，在工期保持不变的条件下，使资源需用量尽可能均衡的过程。

2）资源优化的前提条件

（1）在资源优化中，网络计划中各项工作之间的逻辑关系不可改变。

（2）在资源优化中，网络计划中各项工作的持续时间不可改变。

（3）网络计划中各项工作单位时间所需的资源数量是一常数，资源均衡合理。

（4）工作应保持其连续性，除按要求可中断的工作外，一般不允许中断工作。

单元小结

本章重点：网络计划的基本概念和表示的方法；网络图的绘图规则及网络图时间参数计算、关键线路的确定；双代号时标网络进度计划；施工网络图的绘制。特别注重标号法在实际工作中的应用。

难点：网络图的绘制、网络计划时间参数计算、关键线路的确定、网络计划的优化（工期优化、费用优化、资源优化）。

阅 读 材 料

单代号搭接网络计划

在双代号和单代号网络计划中，工作之间的逻辑关系是依次关系。但在工程实践中，有许多工作的开始并不是以紧前工作的完成为条件的，其紧前工作开始一段时间后，就可进行本项工作，我们把工作之间的这种关系称为搭接关系。为了简单而直接地表达工作之间的搭接关系，就有了搭接网络计划。搭接网络计划一般采用单代号网络图的表示方法，以节点表示工作，以箭线表示工作之间的逻辑关系和搭接关系。

单代号搭接网络计划必须有虚拟的起点节点和虚拟的终点节点。

单代号网络搭接网络计划中工作的时间参数，如图5-68所示。

图 5-68

(1)时距(已知):搭接网络计划中,相邻两项工作之间的时间差值。
①$STS_{i,j}$:紧前工作的最早开始至本工作最早开始的时间差值。理解为:开始至开始。
②$STF_{i,j}$:紧前工作的最早开始至本工作最早完成的时间差值。理解为:开始至完成。
③$FTS_{i,j}$:紧前工作的最早完成至本工作最早开始的时间差值。理解为:完成至开始。
④$FTF_{i,j}$:紧前工作的最早完成至本工作最早完成的时间差值。理解为:完成至完成。

(2)ES_i、EF_i的确定:
①由于网络计划的起点节点代表虚拟工作,故其最早开始时间和最早完成时间都为零。凡是与网络计划起点节点相联系的工作,其最早开始时间ES_i为零,$EF_i = ES_i + D_i$。
②其他工作的最早开始时间和最早完成时间是依据时距计算的。在计算最早开始时间ES_i的过程中,如果出现$ES_i < 0$时,将发生的工作与虚拟的起点节点用虚箭线相连,令$FTS_{i,j} = 0$,并将负值升为零,$EF_i = ES_i + D_i$。若某工作有多项紧前工作且存在着多种搭接关系时,应分别计算其最早开始时间,取其中的最大值。
③由于网络计划的终点节点代表虚拟工作,故其最早开始时间和最早完成时间都相等,一般为网络计划的计算工期T_c。计算工期T_c的取值,不一定是最后一项工作的最早完成时间,要看整个网络计划中哪项工作的最早完成时间最大,虚拟的终点节点的$T_c = \max\{EF_i\}$,并将此工作与虚拟的终点节点用虚箭线相连,令$FTS_{i,j} = 0$。

(3)时间间隔$LAG_{i,j}$:与既定的时距相比还有没有空闲,是依据时距计算的。当相邻两项工作之间存在两种或以上时距的搭接关系时,分别计算其时间间隔,取其中的最小值。

$$LAG_{i,j} = \min\begin{cases} ES_j - EF_i - FTS_{i,j} \\ ES_j - ES_i - STS_{i,j} \\ EF_j - EF_i - FTF_{i,j} \\ EF_j - ES_i - STF_{i,j} \end{cases}$$

(4)自由时差FF_i:可以按单代号网络计划FF_i的计算方法来确定。即$FF_n = T_P - T_C$或$FF_n = 0$;$FF_i = \min\{LAG_{i,j}\}$。

(5)总时差TF_i:可以按单代号网络计划TF_i的计算方法来确定。即$TF_n = T_P - T_C$或$TF_n = 0$;$TF_i = \min\{TF_j + LAG_{i,j}\}$,但在计算出总时差$TF_i$之后,利用公式$LF_i = EF_i + TF_i$马上判断该工作的最迟完成时间是否超出计划工期$T_P$或计算工期$T_c$,若超出显然不合理,将此工作与虚拟的终点节点用虚箭线相连,令$FTS_{i,j} = 0$,重新计算时间间隔、自由时差和总时差。

(6)LS_i、LF_i的确定:$LS_i = ES_i + TF_i$;$LF_i = EF_i + TF_i$。

(7)关键线路的判断:与单代号网络计划相同。

§例5-16§ 某单代号搭接网络计划如图5-69所示,试确定总工期、关键线路以及各工作的时间参数。

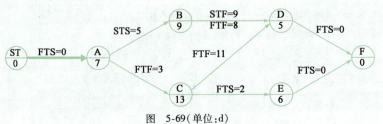

图 5-69(单位:d)

(1) 计算 ES_i、EF_i、$LAG_{i,j}$。如图 5-70 所示。

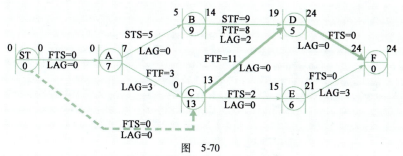

图 5-70

在计算过程中,工作 C 有一项紧前工作 A,根据工作 A 和工作 C 之间的 FTF 时距,得 $EF_C = EF_A + FTF_{A,C} = 7 + 3 = 10$,$ES_C = EF_C - D_C = 10 - 13 = -3 < 0$,将工作 C 与虚拟的起点节点相连,并令之间的 FTS 时距为零,则工作 C 的最早开始时间 $ES_C = 0$,$EF_C = ES_C + D_C = 0 + 13 = 13$。工作 D 有两项紧前工作 B 和 C,且和工作 B 之间有两种搭接关系,则工作 D 的最早开始时间取其最大值。首先,根据工作 B 和工作 D 之间的 STF 时距,得 $EF_D = ES_B + STF_{B,D} = 5 + 9 = 14$,$ES_D = EF_D - D_D = 14 - 5 = 9$;其次,根据工作 B 和工作 D 之间的 FTF 时距,得 $EF_D = EF_B + FTF_{B,D} = 14 + 8 = 22$,$ES_D = EF_D - D_D = 22 - 5 = 17$;第三,根据工作 C 和工作 D 之间的 FTF 时距,得 $EF_D = EF_C + FTF_{C,D} = 13 + 11 = 24$,$ES_D = EF_D - D_D = 24 - 5 = 19$;取上述三个结果中的最大值,则工作 D 的最早开始时间为 $ES_D = \max\{9,17,19\} = 19$,$EF_D = 19 + 5 = 24$。同理,其他工作的最早开始和最早完成时间也是依据之间的时距关系确定出来的。

此网络计划最早完成时间的最大值是 24d,则虚拟的终点节点的最早开始和最早完成时间均为 24d,总工期为 24d。

从后往前推,逆着箭线方向找出工作之间时间间隔为零的线路即为关键线路,如图 5-70 中的粗线部分。

(2) 计算 FF_i:自由时差 $FF_i = \min\{LAG_{i,j}\}$ 如图 5-71 所示。

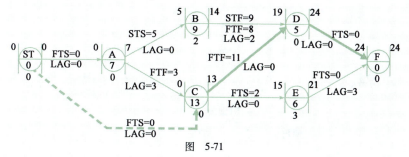

图 5-71

(3) 计算 TF_i:$TF_n = 0$,$TF_i = \min\{TF_j + LAG_{i,j}\}$,并判断各项工作的最迟完成时间是否超过总工期。经判断各项工作的最迟完成时间均不超过总工期,如图 5-72 所示。

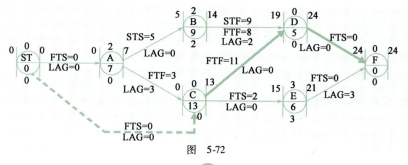

图 5-72

(4)计算 LS_i、LF_i：最迟开始时间 $LS_i = ES_i + TF_i$，最迟完成时间 $LF_i = EF_i + TF_i$，如图 5-73 所示。

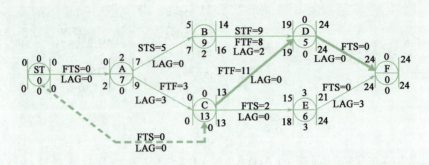

图 5-73

§ 例 5-17 § 某单代号搭接网络计划如图 5-74 所示，试确定总工期、关键线路以及各工作的时间参数。

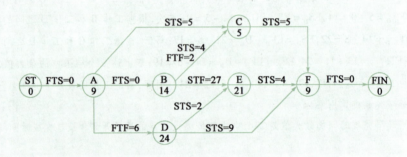

图 5-74（单位：d）

(1)计算 ES_i、EF_i。如图 5-75 所示。

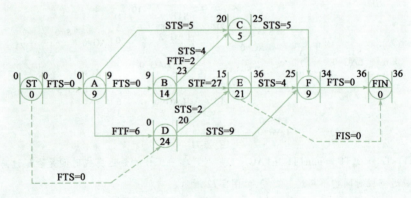

图 5-75

网络计划的终点节点代表虚拟工作，其最早开始时间和最早完成时间都相等，一般取网络计划中某项工作最早完成时间的最大值，并将此工作与虚拟的终点节点用虚箭线相连，并令 $FTS_{i,j} = 0$。本题工作 E 的最早完成时间为 36d，值最大，将工作 E 和虚拟的终点节点用虚箭线相连，并令 $FTS_{i,j} = 0$。在计算工作 D 的最早开始时间时，出现 $ES_D < 0$，将工作 D 与虚拟的起点节点相连，并令 $FTS_{i,j} = 0$。本网络计划的计算工期为 36d。

(2)计算 $LAG_{i,j}$ 及 FF_i。自由时差 $FF_i = \min\{LAG_{i,j}\}$，如图 5-76 所示。

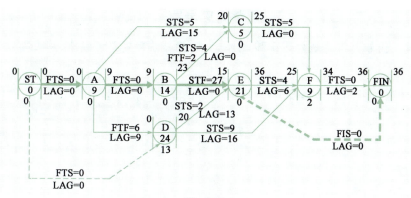

图 5-76

（3）计算 TF_i：$TF_n=0$，$TF_i=\min\{TF_j+LAG_{i,j}\}$，并判断各项工作的最迟完成时间是否超过总工期，若超出，则将此工作与虚拟的终点节点用虚箭线相连，令 $FTS_{i,j}=0$，计算其相应的时间间隔，并重新计算自由时差和总时差。关键线路如图 5-77 所示。

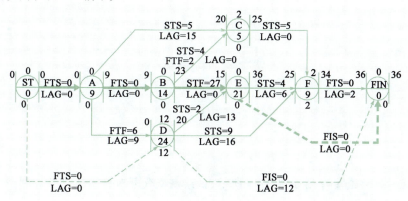

图 5-77

在计算过程中，工作 D 的总时差是 13d，则其最迟完成时间为 37d，超过计算工期 36d，故将工作 D 与虚拟的终点节点相连，令 $FTS_{i,j}=0$，计算其时间间隔为 12d，重新计算工作 D 的自由时差为 12d，总时差也为 12d。

（4）计算 LS_i、LF_i：最迟开始时间 $LS_i=ES_i+TF_i$；最迟完成时间 $LF_i=EF_i+TF_i$。如图 5-78 所示。

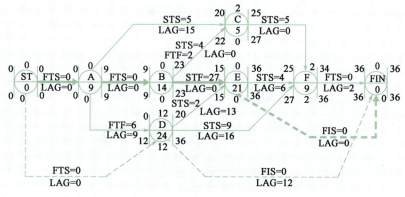

图 5-78

复习思考题

5-1 已知双代号网络计划如图 5-79 所示，利用标号法确定关键线路、总工期以及各工作的时间参数。

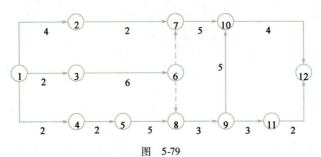

图 5-79

5-2 已知双代号网络计划如图 5-80 所示，利用标号法确定关键线路、总工期以及各工作的时间参数。

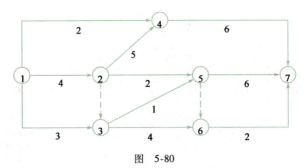

图 5-80

5-3 双代号网络进度计划如图 5-81 所示，试绘制双代号时标网络进度计划。

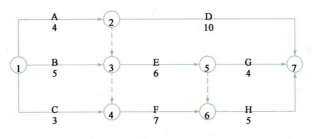

图 5-81

5-4 双代号网络进度计划如图 5-82 所示，试绘制双代号时标网络进度计划。

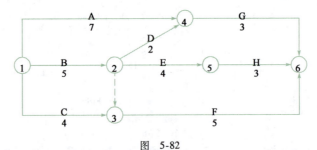

图 5-82

5-5 某单代号网络计划如图 5-83 所示,试确定总工期、关键线路以及各工作的时间参数。

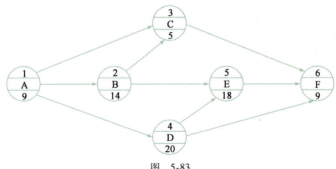

图 5-83

5-6 某单代号网络计划如图 5-84 所示,试确定总工期、关键线路以及各工作的时间参数。

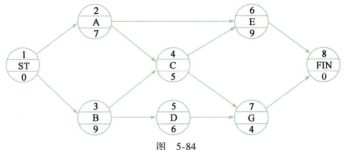

图 5-84

5-7 已知网络计划如图 5-85 所示,图中箭线上方括号内数字为优选系数,箭线下方括号外数字为工作的正常持续时间,括号内数字为最短持续时间,要求目标工期为 11d,试对其进行工期优化。

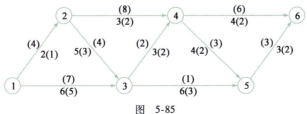

图 5-85

5-8 已知工程网络计划如图 5-86 所示,箭线下方括号外数字为工作的正常持续时间,括号内数字为工作的最短持续时间,箭线上方括号内数字为优选系数,要求工期为 12d,试进行工期优化。

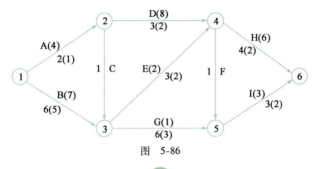

图 5-86

5-9 已知某工程双代号网络计划如图 5-87 所示,图中箭线下方括号外数字为工作的正常持续时间,括号内数字为最短持续时间,箭线上方括号外数字为工作按正常持续时间完成时所需的直接费,括号内数字为工作按最短持续时间完成时所需的直接费用(以千元为单位),该工程的间接费用率为 0.8 千元/d,试进行费用优化并求费用最少的相应工期。

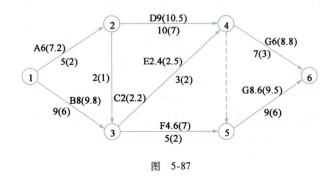

图 5-87

参 考 文 献

［1］本书编委会.公路工程施工现场管理快速培训教材［M］.北京:北京理工大学出版社,2009.
［2］赵志缙,应惠清.建筑施工［M］.上海:同济大学出版社,2004.
［3］侯洪涛,南振江.建筑施工组织［M］.北京:人民交通出版社,2010.
［4］吴安保.铁路工程施工组织［M］.北京:人民交通出版社,2010.
［5］张立.铁路施工企业管理［M］.北京:中国铁道出版社,2009.
［6］中国建设监理协会.建设工程进度控制［M］.北京:知识产权出版社,2010.
［7］李明华.铁路及公路工程施工组织与概预算［M］.北京:中国铁道出版社,2009.